原来我们是神仙

赵文竹 著

贵州出版集团
贵州人民出版社

原来我们是神仙

赵文竹 著

贵州出版集团
贵州人民出版社

图书在版编目（CIP）数据

原来我们是神仙 / 赵文竹著. -- 贵阳：贵州人民出版社，2019.6
ISBN 978-7-221-15211-4

Ⅰ.①原… Ⅱ.①赵… Ⅲ.①人生哲学—通俗读物 Ⅳ.①B821-49

中国版本图书馆CIP数据核字(2019)第007084号

原 来 我 们 是 神 仙

著　　者	赵文竹
责任编辑	刘旭芳
出　　品	京贵传媒
选题策划	赵宇飞　祁定江　清宁
封面设计	BookDesign Studio 阿鬼设计 QQ:476454071
出版发行	贵州出版集团　贵州人民出版社
社　　址	贵阳市观山湖区会展东路SOHO办公区A座
印　　刷	鑫艺佳利（天津）印刷有限公司
开　　本	787毫米×1092毫米　1/32
印　　张	8.25
字　　数	200千
版　　次	2019年6月第1版　2019年7月第2次印刷
书　　号	ISBN 978-7-221-15211-4
定　　价	42.00元

本书如有印装质量问题，请与我们联系调换（010-6580 1127）。
版权所有　侵权必究

和合二仙對歌圖

真寫裏，真寫裏，除了吃了就上炕，炒股遭逢大崩盤，廟遇上假和尚，衝決敗紅，今老太婆反咬，我是擊事郎，墊了藥費拽了蒿，出門空餘淚兩行。

搶什麼愁？嘆什麼氣？因果以不差毫厘，功君扪心想一想，過去使過冷心計？謊話說過幾籮筐？奸巧要過幾皺箕？不貪不求不好奇，騙子騙你騙不起。

和你沒關係，吃得一虧還一債，受得一騙長一智，君若真是大善人，騙子騙你騙不起。

他墮地獄你升天，饒空撲个大便宜。

甲午二月趙之竹畫於京北百合之地，並題之云：詳列三姐唱詞神乎。

俗人爱辩理，嚷嚷论高低。理胜遭人嫉，理弱遭人欺。愈辩愈不平，争讼无止息。明人闲处坐，是非随它去。但守自家心，不令妄念起。此间大自在，局外哪个知？

癸巳冬月 赵文竹

不管命里有没有，劝君莫伸三只手。凡物属你只管取，不是你的道道走。莫莫取道不义财，今生莅得一身债。无钱勉强能度日，偶尔得财定招灾。愚人偏爱耍心计，耍到头来输到底。占小便宜吃大亏，吃小亏放弃小康莫莫惜力，福德资粮积到头。想穷反倒不容易。

新婚之喜谋到三姐王申有个浴室，叫莫真，是莫名爷的店身室也。巧相，他留客莫莫敬之辛到专门劝人莫赌莫嫖莫莫耍心计，这是其中之一首。

甲午二月 赵文竹

芸芸家生世間走,何人不在苦中求?酒色財氣杀人刀,功名利祿釣魚鉤。人我是非煩惱根,榮華富貴難長久。紅塵滾滾,天地悠悠,玄机誰參透?赤身到來空手去,富翁气亡,同此一無所有,貪心不足自尋苦,隨遇而安樂無休,當下明,自當下悟,得撒手時且撒手,一笑輕裝天下行,逍遙游。

癸巳腊月
趙文竹

飞禽走兽都惜命，贫僧劝君莫杀生，赠它岁脚你叫苦，剥皮开膛它知疼，你今吞它饱口腹，来生它来索你命。横究皆由冤业起，恶疾从来有隐情，猪狗原为旧眷属，牛羊曾做父与兄，冤孽只缘有宿债，千生万世还不清。责食长养慈悲心，青菜豆腐益养生，救得一命增一福，长寿百岁不是梦。

新编歌剧《吉祥刘三姐》之《莫莫歌》之一。

甲午三月 赵文竹

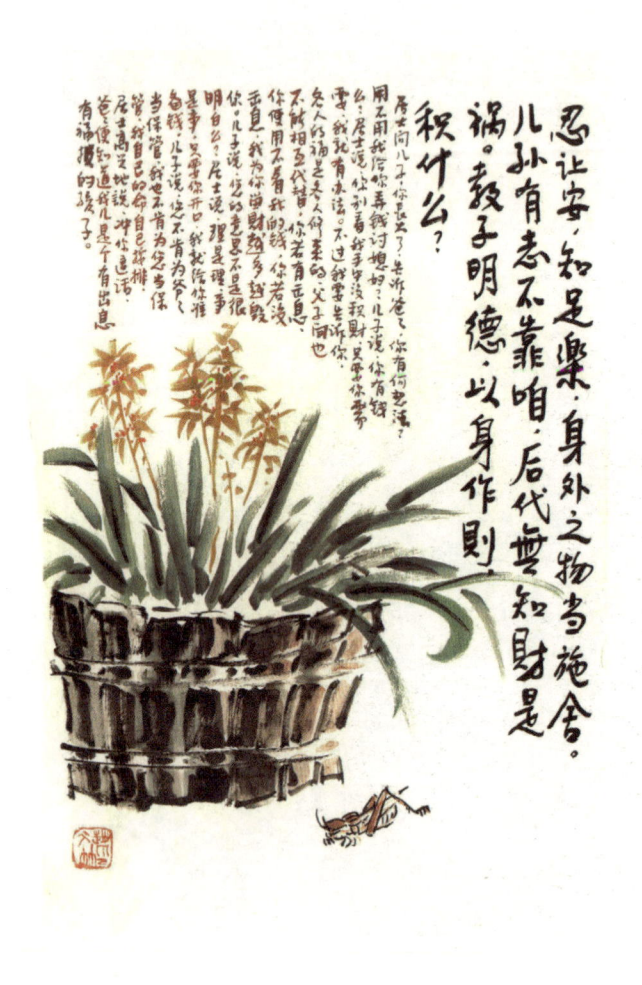

忍让安，知足乐，身外之物当施舍。儿孙有志不靠咱，后代无知财是祸。教子明德，以身作则，积什么？

居士问儿子你说去了，去布施了，你有何恶活？用之用我陪你真钱讨想的，儿子说，你有钱吗？我说有余话。不过我要生活你。免人的话之喜人，何苦的，父子同也不断相互代换，你若有正息，你使用欠看我的钱，你若浅，我将你的钱多钱都欠，不说，你给我是不是多虽是理事，明白的。儿子说，理是理事是半。只要你肯开口，我就陪你椎龟钱。儿子说也不肯为答。当保管你自己保排。管我给的的给自己来钱。爸爸高这地说，谢你道活，有福摆的孩子。

序

我与赵文竹先生素未谋面，却也算是神交已久。我在任职国家宗教局局长时，就对他的传奇经历有所耳闻，近日应好友赵宇飞先生之请，得空读了他的主要著作。不禁赞叹！

一叹，其作品类型涵盖诗歌、小说、格言、杂文等，体裁之丰富，立意之高远，以及由此所体现的精神境界和生活旨趣，超出想象。

二叹，赵先生的艺术创作从玻璃画、水泥画到禅艺国画，独特的艺术创作形式，当代罕见，难怪在三十年前就被称为"中国一绝"。

三叹，他的代表作《终极之问》《幻化宇宙》等对天人关系的理解深度，以及由此呈现的宇宙观、世界观和历史观，给人以启迪，引人以深思。

我曾在一个专栏里表达了对当下世道人心的忧思，现代化使人们的物质水平普遍提高，可精神世界却缺少了关照。现代的人们拥挤在高节奏、充满诱惑的现代生活中，人心浮躁，没有片刻安宁。大家好像得了一种"迷心逐物"的现代病，在迷途中狂奔，在焦虑中挣扎、迷惘。如果失落了对自身存在意义的终极关切，人靠什么安身立命？

对此，赵先生指出，当下最迫切之事是要重建信仰体系，回归灵魂家园。从而理出拨乱反正的思路，给出医心救世的良药。恰好与我在反省当代文化出路的观点上不谋而合，可见我们在对当今社会思想和文化建设方面的认知有诸多共识。可喜的是，赵先生已经在实践和寻找这条济世良方的道路上付出了行动，并惠及越来越多的读者和前来求道问学的人们。

习近平总书记在全国宗教工作会议上强调，做好党的宗教工作，把党的宗教工作基本方针坚持好，关键是要在"导"上想得深、看得透、把得准，做到"导"之有方、"导"之有力、"导"之有效，牢牢掌握宗教工作主动权。在此之前，习近平总书记于2014年2月17日，在《省部级主要领导干部学习贯彻十八届三中全会精神全面深化改革专题研讨班开班式上的讲话》中强调，要加强对中华优秀传统文化的挖掘和阐发，努力实现中华传统美德的创造性转化、创新性发展。

优秀的中国传统文化，说到底是一种朴素而不失优雅的生态活法，而不仅仅是一些空泛的理论和说教。赵先生身体力行，用生命去验证古圣先贤的智慧和心法，由于身居燕山深处二十多年，几乎不参加任何社会活动，从而被媒体称为"中国最后的隐士。"

回溯中华文化传统，隐士文化源远流长，在浩瀚丰富的中华文化谱系中，隐士文化一直是一道神秘的风景，也是中华文明发展延续的文化元素。的确，"隐士"不单单是对赵文竹先生生活方式的呈现，更是一种超脱的智慧和看问题的高度——"隐"去立场、"隐"去自我，以更加客观的方式看待人世百态。他说自己是一个旁观者，"之所以叫旁观者，乃是由于作者近二十年闲居山中，基本不参与任何实质性的社会活动，只是用一种旁观者的视角观察社会，观察人生，甚至用一种旁观者的视角观察自己"。钱锺书先生曾说："大抵学问，乃荒江野老二三素心人商量培养之事，朝市之显学必成俗。"赵先生正是这样的素心人、旁观者，这成就了他超凡脱俗、别具一格的文学和艺术成就。因为没有特定的立场，也没有一定要达成的目的，因此他的观察、思考都更加客观，他提出的一些理念也具有很强的建设性意义。

我在国家宗教局任局长十多年，有缘与许多高僧大德结缘，佛教理论和实修方面的书也看了不少，但看了赵文竹先生解读《六祖坛经》的专著——《国有慧能》，还是有种眼前一亮、内外通透的感觉。禅宗六祖惠能大师的禅学思想深刻影响了中国佛教文化的历史进程，1300年后的今天，惠能大师的精神财富依然对中国文化乃至世界文明产生着重大而广泛的影响。《六祖坛经》是唯一一部由中国人宣说的佛教经典，也是佛教中国化的重要标志。赵先生结合当下中国社会的现实问题和精神信仰需要，对这部经典作出了鞭辟入理、深入浅出的精彩解读，语言生动活泼、准确到位，禅宗思想精髓直指人心、任运自然、无修而修、无得而得的特点得到最大限度的表达和运用，禅法的高妙难测化为轻松幽默的现代语言，大大拉近了六祖和现代读者的距离。

通过读赵先生的作品可看出，他不仅对传统文化有独到的领悟，在哲学、宗教、艺术方面有精深的造诣，而且对国家、社会乃至整个时代都有密切的关注和深入的思考。虽然深居山中，但是他的关切涉及文化、艺术、科学等领域，其思考的深度和见解的通达丝毫不亚于这些领域的专家学者，他提出的很多具有建设性的人文理念，对化导人心、净化社会环境具有积极的作用。他的思考、他的作品以及他本人，都让我看到了一位当代禅者的智慧高度和义不容辞的社会担当，而这，也正是中国人一直崇尚的人格理想。

作为那个特殊的年代下成长起来的同龄人，我能体察那个年代想活出个样子是怎样的艰辛和不易。现在看来，赵先生的那些独特经历也成为他的幸运，他一直坚持不懈地追求着自己的艺术梦想，在复杂多变的社会环境面前，一直保持独立的人格和冷静的思考，做自己喜欢做的事儿，说自己想说的话，不需要为了迎合市俗而消耗时间、精力，在客观上也成全了他超凡脱俗的艺术风格和思想境界，并始终保持旁观者的角度去认识当今的世界甚至生命本身。

此次赵文竹先生的系列作品重新结集出版，实乃一大事因缘。据我所知，在赵先生已经出版近五十部的著作中，极少有请人写序的；这次应有缘人赵宇飞先生之请，也就有缘惜缘，顺其因缘写了以上文字。相信读者会在书中遇见知音，遇见自己，对生命有新的体悟和发现。

以为序。

叶小文
2019.6.8.于静

目录

不宠无惊过一生

人生六境 / 003

学会坦然 / 005

学会放弃 / 007

兴衰自有时,宠辱何须惊 / 009

生命真渺小,生命真奇妙 / 011

有也烦恼,无也烦恼,人生滋味知多少 / 018

来者该来,去者该去,凡事随缘皆有味 / 023

战斗达成平衡,对立不碍和谐 / 030

善恶一念之间,人生难得回头 / 033

聪明人画不了糊涂仙 / 036

危机危机，危中有机 / 040

大师请赐教 / 042

你为什么要还一个美国人的钱？ / 048

你就是你，干吗非要像别人呢？ / 052

三条腿的椅子能坐吗？ / 057

万万没想到，顾全大局还得靠浑人 / 060

谁给保险公司保险？ / 063

子虚说给乌有听，人类说给自己听 / 065

你比兔子高明不了多少 / 083

姑娘，你可别想明白了 / 085

原来我们是神仙

心安是福,知足是乐 / 089

你不理解我,不代表我没法活 / 091

科技真的可以改变一切吗? / 093

开发商承包奇泉,是开发还是毁灭? / 101

名家真迹值得收藏吗? / 104

怎样才能走在时代前面? / 105

你是哪一种富翁? / 112

想改变社会?先把自己搞明白吧! / 114

我不放心的,恰恰是你这份自信 / 118

为何你对他虔诚顶礼,他却对你爱理不理? / 121

天底下没有白丢的东西 / 126

有缘之龟,我们来日再会! / 130

春风吹拂吉祥草,笑脸开出吉祥花 / 135

只要功夫深,心愿能成真 / 138

疯子的标志是不知道自己是疯子 / 151

拨开现实的迷雾,找到生命的出路 / 154

活到鲐背之年,无憾亦无悔 / 157

没有正确的活法,只有舒服的活法 / 163

原来我们是神仙 / 167

千金散尽还复来

你说该花不该花? / 171

你说该赚不该赚? / 178

你是穷人还是富人? / 180

他是小老板还是大老板? / 181

看清了"大款"的下场,你还想当"大款"吗? / 182

福自善处积,财从舍中来 / 183

我今不舍财,将来财舍我 / 189

行善积福,废纸也能变宝物 / 190

细水长流,才能吃穿不愁 / 194

为什么财富不传三代? / 197

你能给孩子留下什么? / 199

孩子用得着你的钱吗？ / 201

存的钱，花的钱，统统不是你的钱！ / 203

只会围着钱转的人，跟拉磨的驴有什么区别？ / 205

祝贺你亏损了一百二十万 / 206

你值多少钱，你的东西就值多少钱 / 209

我们这一代人哪！ / 212

排行榜等于黑名单？ / 213

当猪哼哼变成了李大亨 / 214

最近大亨有点烦 / 221

凭什么老板得大头，我只得零头？ / 229

有钱没什么了不起 / 231

谁是财神？ / 233

不宠无惊过一生

过去已过去,
未来尚未来,
还有什么放不下呢?

往事如梦如烟,忆个什么?
未来如泡如雾,谋个什么?
外境如影如化,挂个什么?
自身如幻如露,恋个什么?

人生六境

见万事万物均为旋涡，腾跃而上，直入大道，此亿万中不得一人，盖因具洞世发眼，超凡神功，故能逍遥三界外，天地任往来。

知万事万物均为旋涡，化身为水，虚溶其间，此百万中不得一人，盖因具忘我大慧，无为真心，故而刀斩不能毁，世法无以缚。

置旋涡中以为大潮，劈波斩浪，奋进搏击，此十万中不得一人，盖因具崇高信仰，冲天豪气，故而富贵不能淫，威武不能屈。

置大潮中不乱方寸，随波而行，任运自然，此千百中难得几人，盖因善根深厚，真主在胸，故能知足心常静，随遇而得安。置大潮中不辨南北，迷信盲从，碌碌终日，此苦海红尘之众生，盖因胸中无主，心外求心，故而沉浮不由己，忧烦常缠身。

置红尘中失却自己，张皇无措，抓挠挣扎，此可怜可叹之愚夫，盖因物欲遮眼，真心泯灭，故应戒贪而思善，归岸免沉沦。

学会坦然

如果你是一位显赫的官员,你不妨暂时离开你的专车和随员,到公共汽车中去挤一挤,你不慎踩着了身旁一位小姐的鞋尖,小姐狠狠地白了你一眼,骂你一声:"讨厌。"如果你能坦然地说声:"抱歉!"那你可能成为圣贤。

如果你是腰缠百万的大款,你不妨穿上最简朴的衣服,到街头小摊喝一碗搁了几根咸菜丝的稀饭,在人们疑惑你是否破产的目光里,如果你能坦然地谈笑,那你的富有绝不仅仅限于金钱。

如果你是一位学富五车的专家教授,偶尔混迹于一批后学之间,大家正兴致勃勃谈论着你发现的定理,听着人们那肤浅可笑的高论,你不由得也想插言,有人一撇嘴角:"你也懂吗?"你能理解地笑笑,当此人得知你的身份你也不使其难堪,那你便不失为大家风范。

如果你是一位红极一时的歌星,偶然来到一个偏远的乡间,几个农民听说你会唱歌,热情地邀请你来上一段,没有伴奏,没有鲜花,你站在田间地头,深情而坦然地给百姓唱上一段,那你太高尚了,你是真正的大腕。

学会放弃

如果你百般努力却成功无期,你不妨学会放弃,换一个活法,或许你会惬意无比。

如果你不再激起别人的热情,你不妨学会放弃,把你绵绵的情思,深深地埋藏在心底。

如果你面临的是食之无肉弃之可惜的鸡肋,你不妨选择放弃,无味的东西,啃下去亦无多少意义。

如果你走进一条无路的死胡同,你应该赶快放弃,必要的回头,会给你带来新的契机。

如果你得到一个意外的便宜,你应该赶快放弃,便宜的背后,往往潜藏着阴毒的杀气。

如果你的成功已达顶峰,你更要学会放弃,急流勇退，给世人留下辉煌的记忆。

放弃是一种智慧，放弃是一种豪气，放弃是真正意义的潇洒，放弃是更深层面的进取！

你之所以举步维艰，是你背负太重；你之所以背负太重，是你还不会放弃。功名利禄，常常微笑着置人于死地。

你放弃了烦恼，你便与快乐结缘；你放弃了利益，你便步入超然的境地。如果你能连放弃也放弃，那你便很伟大了，你已和圣人无异。

兴衰自有时，宠辱何须惊

如果你身处逆境，你不必自叹不幸，苦难只是一个转瞬即逝的过程，只要你在努力中期待，在期待中奋争，无路处也会柳暗花明。

如果你已经成功，你不必得意忘形，无论多么辉煌的业绩，都只是一个浮光掠影的过程，今天的辉煌，眨眼间便成了昨天的梦。

如果你正被烦恼困扰，当知烦恼也是个无根的过程。你为昨天烦恼，昨天已一去不回；你为明天烦恼，明天尚未到来；你为今天烦恼，那是你闲得找不到可干的事情。当你寻找这无名烦恼来自何方时，烦恼已经溜得无影无踪。

否极而泰来,阴极而阳生,世间万象是一个循环往复的过程。兴衰自有时,宠辱何须惊。杞人忧天童成叟,忘我忘身老返童。天淡云闲水自流,山是青青花是红。

生命真渺小，生命真奇妙

山间的清晨，空气湿润而清新，只有一个字可以形容，那叫爽。

溪声潺潺。小鸟出窝，落在枝头，抖抖翅膀，惬意地叫几声，万物都醒了。草木欣欣。溪边的灌木叶片上挂满了露珠，被初升的太阳一照，晶莹剔透，尽显精彩。

露珠们互相打量着，越看越得意，原来我们这么美，啊！生命，真奇妙！

有欢喜就有烦恼。有个知识渊博的露珠说："我听人讲，人生如朝露，短暂极了。"

"啊呀！人类好歹还有几十年的生命，可我们正好是那被形容短暂的露珠啊！"有个多愁善感的露珠一边说着，就一边哭了起来。

有个喜欢较真的露珠很精确地算了一下，悲哀地说："我们这些享受阳光的露珠只剩下十八分二十六秒的生命了。"

露珠们都哭起来了，它们已经对自己的身体产生了强烈的爱意执着。它们埋怨这个千差万别的娑婆世界很不公道。于是，它们使劲地哭着，把整个身体都哭成了眼泪。然而它们太渺小了，整个身体都变成眼泪也只有那么一滴，想哭个涕泪横流都做不到。

佛陀在虚空中看着这些横生烦恼的露珠众生，心生悲悯。便对它们说："各位少安毋躁，请回头观察自己，你们的身体只是一个众缘和合的暂有假象，并没有一个真实的体性存生，这种自我的感觉只是一个无端的妄想罢了。你们和万物的本体是不二的，是不曾生也不会灭的。放下对自我的执着，你们就自在解脱了。"

佛陀在这里讲的是直指本心、见性成佛的最上乘禅法，真正的如来禅。

在场有十万亿上根利智的露珠言下顿悟，当时便烦恼止息，妄心灭尽，证得了阿罗汉果。

然而，露珠们的悟性也是不一样的。还有无量无边的露珠心意未解，烦恼未除。

有个叫作"这"的露珠，心中有疑，便问佛陀："如果我们身体没有了，又是谁在享受大自在呢？能否教给我们一个身体不灭而证得法身的方法呢？"

这是一切眷恋身体的露珠们共同的问题。佛陀观察因缘，便向大家宣讲了由露珠到小溪，再到大河，再到长江，再归觉海，然后化身千百亿广度众生的次第修行法门。

佛说的这个次第修行法门太深奥、太高深了，一滴露珠可以成为长江大海还能化身千百亿，这实在超出了一般露珠的想象能力。因此，大多数露珠由于畏难缺乏信心而选择了醉生梦死。

然而，这大法毕竟太诱人了。竟然可能证到无量寿、无量身。于是，由"这"露珠为代表的八万亿露珠还是选择了次第修行证果的路。

咱这里专门介绍这露珠的修行过程。

由于佛力的加持，一只山鸟落在了这露珠所栖身的灌木枝条上，摇动了枝条，把这露珠摇了下来，由于殊胜的缘分和福报,这露珠恰好落在了潺潺的小溪中。

这露珠忽然得到了殊胜的境界,它忽然觉得解脱自在了,因为它已经不是一颗露珠了,它变成了一条小溪。

这小溪以为自己开悟证果了,便生起大我慢心,觉得自己比那些露珠伟大很多。甚至想自立法门,办班教功(课)。

佛陀在虚空中观察到了这小溪的慢心,便呵斥道:"且莫得意,你的修行才刚刚开始,前边还有很多坎坷的道路。"

这小溪听到佛的呵斥,生起了大惭愧心,也发起了勇猛的精进心。它在山谷中不知疲倦地弯弯曲曲千回百转地摸索着走,绕过一块块巨石、一道道高坎,钻过一道道石缝土洞,甚至遇到百丈悬崖,它也会毫不畏惧地跳下去,跌个水花四溅,还是不肯停步。

千辛万苦,眼前豁然开朗。这小溪发现自己来到一条大川,继而汇入了大河,它又产生了前所未有的觉受,发现自己已脱胎换骨变成了大河,它以为自己开悟证道了,生起了大我慢心,对周边的条条小溪不屑一顾。

佛陀在虚空中观察到了这大河的慢心,便呵斥道:

"心量如此下劣,你还没有出山,连平原还没见到呢!"

这大河听到佛的呵斥,生起了惭愧心,更加精进不息,它呼啸着向山外冲去,昼夜不息。有一天,它终于出山了,看到了广阔的天地,汇入了长江。它又产生了前所未有的觉受,发现自己已经变成了长江,身长千里,心潮澎湃汹涌,它觉得昨天的自我真是可怜,同时觉得周边的许多河流都那么微不足道。

佛陀在虚空中观察到了长江的大我慢心,便呵斥道:"这还是路途光景,若不加执着,本是很好的境界,一旦执着,便落狂魔,离海还远着呢!"

这长江听到佛的呵斥,生起了大惭愧心,汹涌不平的心调柔了,它在千里平原上缓缓如如地走着,不急不躁也不停留。经过很多日子,它终于汇入了大海。

这长江不见了,它完全成了大海。它感到无与伦比的大自在,它拥有浩瀚博大的胸怀,它接纳众流,不择巨细清浊,它知道这些都是自己的一部分,即使海面上的浮冰也都是自己的孩子。因此,它对这一切都充满了悲悯。它想立教说法,把自己说成是至高无上创造一切的神,要拯救一切露珠、小溪、大河、长江,标榜只要它们归入它大海，就长生不死了。

佛陀在虚空中观察到了大海微妙的心理起伏，便对大海说："你已经很伟大了，但并不究竟，有大即有小，你还有我相人相众生相寿者相不曾去除，海再大，只要有相，便有边岸，还在二元对立之中。你该好好地观察天空。"

大海便观察天空，佛陀轻运神通，碧蓝如洗的天空中便现出朵朵白云，这些白云又变灰变暗，时而滴下雨滴，时而飘下雪花。

大海看着虚空中生出的这一切水相，忽然觉察到自己的湿性遍及一切虚空，它终于破除了对形相和我相的执着，识破了万有皆假。于是它自称所作已办，梵行已立，生死已了，不受后有，继而化入虚空觉海，现证有余涅槃，得阿罗汉果位。

佛陀看到大海化归虚空，证得本来，却落入空见而不自知，便又呵斥道："执空拒有，得体不得用，见法身不见报化身，只证空觉不证圆觉，焦芽败种，焉能成佛。睁眼看看吧，这云这雨，这雪这露，这山河大地，这草木土石，这飞禽走兽，这有情无情，都是什么？"

虚空睁开了无相巨眼，它看清了，这一切有相有名，都由虚空化现，都是空性的神通妙用，都是自心现量境界。若安立假名，无相虚空便是毗卢遮那佛，是法身；全体觉受作用便是卢舍那佛，是报身；恒河沙数起灭无定的个体众生便是十方三世一切诸佛，是化身。生而无生，无生而生，都是这个呀！哪个不是呀？

> 原来众生与佛没有差别，
>
> 悟与未悟没有差别，
>
> 证与未证没有差别，
>
> 法与非法没有差别。
>
> 渐修与顿悟没有差别。
>
> 露珠、小溪、大河、长江、大海没有差别。
>
> 虚空和万有没有差别。
>
> 差别和平等也没有差别。
>
> ……
>
> 山间的清晨，空气湿润而清新，那叫——爽。
>
> 溪声潺潺。鸟音啾啾。万物都醒了。
>
> 草木欣欣。溪边的灌木叶片上挂满露珠，被初升的太阳一照，晶莹剔透，满目精彩。
>
> 华藏世界，尽显无余。
>
> 啊，生命，真奇妙！

有也烦恼，无也烦恼，人生滋味知多少

传说许多年前，胶东地区有一个老乞丐，谁也不知道他是哪里人氏，也没人知道他的真名字叫什么，但这方圆数十里没人不认识他，老百姓称他为大金龙子。有人说这大金龙子有点来头，不是个等闲人物，但更多人还是不以为意，既然是个有来头儿的人物，为什么混不出个人样来，却要靠讨饭过日子呢？唉，这人世间的事情，又有几个能说得清呢？

不管怎么说，这大金龙子还是非比一般乞丐，有个老头说，他很小的时候就知道这个大金龙子，那时候就是这般模样，现在自己一大把年纪了，这大金龙子好像还是那个样子，没看出变化来，五缕胡须长得很端

正，老是那么长。如果不是五冬六夏穿着那一件千衲百补不见原来颜色的破单衣，而是换上一件哪怕稍微利索一点的长袍，如果把成天端在手中的那个缺了一块口的粗瓷碗，哪怕换成一个随便什么样的扇子或拂尘之类，那么人们即便不把他当作诸葛再世也会把他当作个隐名高人。他一个讨饭的却有些穷讲究，挨家逐户，无论什么人家都照讨不误，讨到同样一块煮红薯，如果是穷人家施舍的，他就拱拱手说："受不起，受不起。"如果是一般人家施舍的，他就点点头说："谢谢你，谢谢你！"如果是富豪人家施舍的，他就摇摇头说："真小气，真小气。"还有一种怪事，无论多凶的狗，见了大金龙子这个叫花子，从来不咬，还老朋友似的摇头摆尾。他讨饭只讨一顿的，多一点也不要，晚上无论严寒酷暑，随便往哪家门楼下或草垛中一缩，就能鼾声雷动地睡个香甜。他还有个习惯，见到路中有小石头之类绊脚的东西，总会不厌其烦地用脚踢到一边去，如果有容易陷人的小坑，他则踢几块小石头垫平，他踢得那么熟练，那么准确，以至于常有一大批顽皮的孩子跟在他后面起哄，学着他的那个样子踢石头玩。有时他高兴了，还悠然自得地唱上两句,"有也烦恼,无也烦恼,人生滋味知多少……"甭说,还真有那么点味儿。因此,哪个人有点烦恼事儿,街坊朋友就会对他劝导:"有什么想不开的?你看人家大金龙子,一个穷要饭的,都那么乐观。"时间长了,这两句话成了大家劝人解脱烦恼的口头语了。

有一次,大金龙子捡到一串金项链,花了不少劲找到了失主,失主看他这么穷还把金项链送上门,挺感动,硬要给他几个钱表示一下。大金龙子说钱没有用,有旧衣服什么的给件就可以了。那失主小姐就找了几件旧衣服给他,不一会儿,他就把这几件衣服披到另外几个乞丐身上了。

也有和他找乐的。有一次,在烟台山海边的一栋豪华洋楼里的一个阔太太,经常在晚上见窗户对面一个露天长椅上躺着一个老乞丐,一时动了好奇之心,想看看这个老乞丐如果成了阔佬是个什么样子。于是这位阔太太来到这位大金龙子身边,指着对面的小洋楼说,这里太冷了,我给你腾出一间洋房,你可以住进去。大金龙子说求之不得,就真的住进了洋楼。阔太太还将她已故丈夫的衣服给大金龙子穿,这一打扮,大金龙子可气派了。那位阔太太简直看呆了,这哪里像个乞丐,那气质风度简直就是商界巨头,她那已故的丈夫根本没法与其相比。可是更让这位阔太太吃惊的是:过了不几天,她又看到大金龙子一身褴褛躺在原来的长椅上。阔太太不解,现成的福不享难道有受苦的瘾不成?大金龙子说不是这样,他说在这长椅上睡觉每晚都梦见自己在对面的洋楼中享福,可在洋楼中睡觉时每晚都做噩梦,总是梦见自己在这条长椅上受罪。这话直戳到阔太太的痛处了,她就是这样经常都做流落街头的梦。后来那小楼毁于一场火灾,据说那败了家的阔太太还到处打听大金龙子的下落,大概没找着,要是找着了,这传说该有下文。

大金龙子的传说在民间可多了,不知是真是假,其实真假并不是重要的,重要的是大金龙子现象本身。

大金龙子自己也不知在这个世界活了多少个春秋,六十年代的一天,他一个人溜达到昆仑山的一块巨石上,惬意地仰天而卧,对着苍穹长长地嘘出了一口气。他觉得自己来这世间时间不短了,他也想不起自己曾做过什么,曾说过什么,也没有什么可想的,这世间有他不多,没他也不少,该回去了。他就这样躺着,一动也不动,自己的身体像是透明的虚体一样,任凭一阵清风穿身而过，了然无碍。他觉得自己的骨骼在一节一节地脱落，像秋风中悄然飘落的黄叶，了然无声。他置身于一团光明之中，并听到了宇宙间那空明清越的天籁之音，这种天籁之音浸透了自己的每一个细胞，他觉得自己全身的肌肉在一丝一丝地下垂。慢慢都平贴在石头上，继而觉得自己的肉体和骨头融化在一起，在大青石上漫漶开来，把石头的每一个裂缝都填满了。自己的每一个细胞都在融化、分解、烟消云散，变成一团气弥漫于天地之间，这团气又在分解、融化……融化在无际的虚空间，最后虚空也融化了……

几天后有人发现这块大青石上好像躺着一个人，走近看，只是褴褛的衣衫和几乎没底的鞋子摆成一个人形，旁边还有一个缺了大口的粗瓷碗，不由奇怪，什么人把这些破玩意儿摆在这仙山宝地上呢？

后来，人们再也没有见到过大金龙子，有人说可能死了；也有人说这种讨饭的人百病不侵，可长寿啦，一定又漂流他方去了；再后来，就没有人提起这个大金龙子了。毕竟这世界很实在，大家都很累，都很忙，何况，一个乞丐太微不足道了……

来者该来，去者该去，凡事随缘皆有味

那年长江好大的水，国家政府和全国人民都把焦虑的目光集中在长江沿岸，那里有千百万壮士在舍身忘我地与洪水搏斗。祥翁虽远在燕山深处，但也在为长江忧心。他深深惭愧自己心有余而力不足，除了随力捐赠三百元外，能做的只是每天早晨向南默默祈祷洪水早退、风调雨顺、国泰民安。

这天，山里的天很阴，好像要下雨的样子。祥翁正在读佛经，忽然来了几位不速之客。祥翁一向随缘，既然人家闻名来访，就茶水招待。对初次来的人如此，对常来的也如此，可谓"来的都是客，过后不思量"，也不管来人什么背景，什么身份，基本平等。有时出于礼貌，问对方一句如何称呼，府上哪里，其实很少有记住的时候，常常有朋友来多次赚了个脸熟，但祥翁还是有口无心的一句："您贵姓？"来人便笑一通。好在大家都知道祥翁就是这么个迷糊人，知名不知名、带礼不带礼都同样招待，因此也没有人觉得不舒服。

祥翁招呼客人坐下，又是出于礼貌问那来人是干什么工作的，不想来人口气很大："我的职业一般人听了都会害怕。"

祥翁尽管觉得此人状态似与常人有异，但起码不像是杀人越货的角色，就说："我想象力有限，还真想不出什么是可怕的东西。"

来人（没个称呼不方便，就叫阿客吧）阿客说："我们是研究国家战略的。"

"官办民办？"

"目前还是民办。"

祥翁微笑一下："这不可怕，使劲讲算是管国的，你知道我是管什么的吗？"

"你管什么？"

"我管宇宙。"

阿客他们彼此看了一眼，挺纳闷，祥翁接着说："管国我没有资格，因为国家有主。管宇宙没事，宇宙没有主，听说有个上帝真主我没见到，瞎想甚至自己一人说几句疯话没人计较。"

话题就这样拉开了。

阿客说："祥翁，我知道您是人才，凭您的智慧在山里蹲着太可惜了。我请您出山吧，到我那里去，不瞒您说，北京的精英人物有五分之一都在我手里。"

"是吗？你那里有画院吗？我画画绝对是个人才。"

"当画家太可惜了，您完全可以做点伟大的事业。"

"想象不出来，我还真想不出来有个什么伟大的事业需要我做。"

"一个人来到世间，不能辜负使命。"

"使命？谁给了我们使命？"

"历史和人民。"

"哪一段历史？哪一个人民？"祥翁实在不解。

"您说历史是英雄创造的还是人民创造的？"阿客避开话锋，转而对祥翁提出了一道考题。

"英雄创造历史这句话是英雄说的。"祥翁说。

"那人民创造历史这句话,是谁说的呢?"

"据我理解是希望得到人民拥护的英雄说的,大概都与人民无关。"

"您好像对英雄不屑一顾。"

"正相反,我对英雄们充满了敬意,因为他们很有本事。只是我今生没有当英雄的理想。另外,我觉得如果这世界上没有英雄,地球会太平很多。"

"总要有人推动历史前进。"

"历史是推动的吗?人老了会死去,新人会生出来,推不推动都是如此;春天花草要长出来,秋后花草要衰败,推不推动都是如此;太阳傍晚落西山,第二天早上又一样从东方升起,推不推动都是如此,'托起明天的太阳'这种语言是诗人的浪漫。"

"这是自然现象,人类社会前进的历史您总该承认是人推动的吧。"

"《三国演义》开篇词你熟悉吧?'滚滚长江东逝水,浪花淘尽英雄。是非成败转头空。青山依旧在,几度夕阳红。'这大概就是描绘你所说的英雄推动历史吧?"

"曹操了不起吧,刘备、诸葛亮都了不起吧,溅起了几个浪花，就过去了。英雄总想创造历史，然而终是历史的浪花吞没了英雄，盛衰兴亡，世世代代，翻来覆去，只是不断地更替而已。我不想去学那些在浪花中打漂的人，而只想做个历史长河的观察者，如果我们认识了这个观察者，我们便会化为永恒，我们就会成为那'依旧在'的'青山'，阅尽千秋，万寿无疆。"

"因为这个观察者是我们的本性，这个观察者是自在的，这就是观自在，她是不变异的，不轮回的，不会被历史的长河卷走的，因为历史的长河也仅仅是她念念无住的念头而已。"

和阿客同来的几个人对祥翁的话生起了极大兴趣，他们听得津津有味，其中有一位听到"观自在"三个字，竟兴致勃勃地唱了起来："观自在菩萨行深般若……"

阿客见他的朋友们听得入迷，就提醒他们说："我建议你们离祥翁远点，他的话很危险，能把你们陷进去。"

然而，阿客虽对人这么说，自己却忍不住还要和祥翁对话：

"您在山里可能没有感受，现在官僚腐败，民怨沸腾。"

"是吗？我不太了解，没有发言权，民怨沸腾我没见到，我只在电视上看到江水沸腾，那么多人在忙着筑堤。"

"如今民心如干柴烈火。"

"那不要紧，大兴安岭不是着火了嘛，大火过后树木还会长出来，没什么稀奇。"

"为了让新的树林长出来，是否应该让火早一点着起来？"

听了这话，祥翁很惊愕："这是什么逻辑？这不是多事添乱吗？"

"总得有人去点这把火呀！"

"这是什么理论？干柴升温达到一定限度自燃那是天道使然，人为地去点火那又是什么心态呢？"

"您是说点火是错的啦？"

"我不认为这世界上有个什么叫错误的东西，我甚至连是否有个什么叫对的东西都搞不清楚，是非之心容易惹是生非。不过你的话让我受到启发，或许干柴达到一定温度，其中就会自然生出一种点火的虫，这也是天道使然吧！"

话说到这里，阿客忽然站起来，招呼他的几个同伴，"走，走，咱们快走，这人的话太可怕了，再听他说多了，我们就什么事也做不成了。"

阿客他们还真的走了。

祥翁随缘，来者该来，去者该去。

祥翁默默地为阿客他们祈祷，祈祷他们一路走好。接着，祥翁便反省，刚才这几个菩萨来告诉了自己什么。自从一年前他上山闭关时拜了观音菩萨为本尊师父，他便把一切人和事物都看成观音菩萨的化身了，观音菩萨可是无刹不现身的。在祥翁眼里，只有自己一个人还没成佛，该度的只有自我而已。

天上响了几声闷雷，真该下点雨了，南方那么大的水，北方还是很缺雨。

战斗达成平衡，对立不碍和谐

七年前，我有幸以一个画家身份在北京沙河清真寺住了一年多。

清真寺内有几株古槐，很高大，但还不能用参天来形容。梁阿訇说这树是明朝的，我倒觉得这么久远的树，似乎应该更高大些。

春天，古槐生出了叶子，嫩绿嫩绿的，清真寺的院子顿时生机勃勃。

只是这绿色不久便被一片不知名的虫子蚕食，"沙沙沙"，也就十来天光景，叶子便不见了。我很恼火，这些虫子太可恶了，继而一想：叶子吃光了，你们没得吃了，通通都得饿死！果然没几天便见那毛虫成片坠落。

又过了许多天，槐树又长出了嫩叶，很快绿云再次笼罩了寺院。

然而该死的虫子又出现了，"沙沙沙"，叶子又落了，我又恨又好奇地观察着，不觉间，虫子没有了，却发现满地都是些小小的蛹。

槐树是不屈服的，它又生出了绿叶。

虫子也很顽强，蛹悄悄变成蛾子，再飞上树，产下卵，仿佛一夜之间，树冠上又是一片"沙沙"声。

周而复始，一年中竟来回争夺了数次。

我惊叹了，我赞叹那槐树的不屈和顽强，一年中便经受数次蚕食，长到如今这样高大不知经历了多少艰难岁月，它顽强地活着，从不放弃努力。

我甚至佩服那些看似可恶的小毛虫，它们何等执着和聪明，它们靠这一片有限的绿叶生存，叶子光了，虫子正好成熟变成蛹，它们竟然能根据树叶生长周期，准确无误地调整自己的生物钟。

想必这种无声的战斗持续许多年了，交战的双方已经彼此适应。

有一次，寺内的黄师傅说：这些虫子太多，想打药，树太高又够不着。我想告诉他其实很简单，趁虫子落地变成蛹的时候，扫干净蛹，烧掉就得了，但终于没有说。那时我不懂得慈悲，只是不想由于我的出现破坏了树和虫子那份自然的默契，它们的对立与和谐、斗争与和平向人们诉说了许多深刻的道理。

叶子又光了，天也冷了，其他树种的叶子也成片凋落。

今年的战斗告一段落了，我心里说。

我又错了，那古槐分明又长出了叶子，稀稀疏疏的，这次不是嫩绿而是苍绿，在冷风中蜷缩着，挣扎着，然而它们毕竟还在生长，它们仍然没有放弃努力。

善恶一念之间，人生难得回头

有一次，祥翁家里来了两位不速之客，这两人一敲门，祥翁就感觉到了，这两人和其他不期而至的来访者有着不同的气息。

祥翁不分别，还是把他们让进屋里坐下。祥婆为客人沏上茶，二人寒暄几句，那矮个子便拿出身份证明给祥翁看。其实，祥翁是不关心什么身份证明的，主动亮出个证明来的大多心中有鬼。果然，客人接着拿出一种健身产品介绍，希望祥翁试用产品。祥翁闯荡半生，见得多了，这些把戏清楚得很，连他们下边的步骤都清楚。

为避免废话。祥翁就直接回绝说，此事免谈，喝杯水吧。我住这山村里许多年了，既不卖东西，也不买东西。来人说试用三年免费,祥翁说我更不肯占人家的便宜,从不捡天上掉下来的馅饼。来人问祥翁,你不卖也不买,又不肯捡便宜,那你怎么活着?

祥翁说,生活是一种艺术,现在和你们讲这些你们很难搞懂。这样吧,既然你们进了门,无论什么动机,都算有缘,我送你俩每人一本小册子,也算对你们的祝福。于是,就给他们二人各送一本《财神敲门》。小个子还想再说什么,那高个子起身把他拉走了。祥翁把二人送到门口,又叮嘱道,路不好走,人生难得回头,祝二位吉祥。

大概过了有半年时间,那高个子又来见祥翁,气象感觉大不似从前,诚敬之心溢于言表。若不是他主动说明,祥翁早已记不得了。那人说他是特意来感谢祥翁的,并忏悔说他们上一次来是居心叵测的,但见了祥翁,心灵受到震撼。尤其回去后细读了《财神敲门》,这一敲把自己的良心敲醒了,从那起他就改头换面了。

他说那小册子救了他。说上次和他同来的小个子不信祥翁的说法,一意孤行,只想弄钱,结果不久前弄到大牢里去了,他自己若不及时回头,肯定和那小个子一个下场。说话间,那人拿出一千元钱给祥翁,希望多印一些书，帮助更多的人，并且声明这钱是正道来的。见其真诚，祥翁不便推辞，就问他姓名。他说不必了，上次我们不怀好意来，先生心知肚明，却不问姓名，不想记住我们的过失，今天我善意来，先生又何必记住我的什么功德呢？

其实祥翁也真没有问姓名的习惯，他待谁都这样，没有什么亲疏远近。人家毁他他不想记住，人家帮他他也不想记住，只是默默地为别人回向祝福，他不希求人家报答他什么恩德，更不鼓励人家给他钱财。他只希望好心换好心，你对一切人好就是对祥翁好。像小个子那样听不进劝告的人他也只有叹一口气而已，他相信那人吃亏以后能反省过来。对于别人出于至诚送他的钱财，祥翁只有一个办法，自己决不积财。把所有的钱财，无论怎么来的，统统用作善资，把每一分钱都用到利益众生的地方，这样自己既得心安又为别人积福。

那人走后，祥翁对祥婆说：又是财神敲门，人人皆具佛性，善恶一念之间，因缘真是不可思议。祥婆说：这也是菩萨显化，我们若以分别心待人，就通不过这次考试了。

聪明人画不了糊涂仙

祥婆提醒祥翁:"你答应给阿白先生的画快一年了,人家几次电话向你问候,我都有点不好意思,该给人家画了。"

"我何尝不想早点了却此事,许愿不还就是债呀,会让人生嗔心的。"祥翁一脸苦笑,"可就是提不起兴致来,勉强画了几次都没画好。"

"不就是你以前画的那个卖葫芦的糊涂仙吗?那有什么难画的?"

"问题就在这里。过去我是糊涂画家画个糊涂仙,随意无心,自然笔底无碍,妙合天机。可这次索画的人不糊涂,画画的人也不糊涂,这个糊涂仙就很难出世。"

"这话怎么说的？"

"这阿白分明在书画市场上看到我那幅画，不肯花钱买，便寻到山里来和我套近乎，说什么敬仰我的人品，要请一幅作品回家纪念弘扬之类，心里想的却是这画价值多少钱。我这里心知肚明，却看在他一大把年纪，不便驳他面子，只好勉强答应。可这样一来，索画者在耍聪明，作画者又聪明地拿起笔来立即便会照见人家的小聪明，聪明加聪明，人我相宛然，怎么能进入忘我的创作态呢？"

"那也不差这一份，你无偿给人写字画画还少吗？"

"那不是一回事，我无偿为人作书画，大多是由于对方很诚心地为社会做公益事业，我出于道义上的原因，自愿奉献书画作为随喜功德。对方得画不是出于贪心，而是善业所感。他们也会把我的作品用在最能发挥作用的地方，与我作书作画的本愿相应，即使由于我的书画给人带来了经济效益，也是人家的福德所感，我是很乐意的。当然，我也常有心血来潮，随机送人书画的时候，我想那些意外得到书画的人必定积了某种阴德，即使不是如此，他们以后也会发心利益众生，否则他是受不起意外馈赠的。"

"可那次那个阿金分明是个画商,要用你的画发财,你也给他画得蛮痛快呀?"

"如今这世界上有几人不是商人?画商靠贩卖炒作书画发财也是天经地义的,只要合理合法。人家阿金守商道规矩,不虚言假套,开门见山,直言自己是画商,想赚钱,把我们作者该得的报酬给足,至于人家日后用这些作品赚了多少钱,完全是人家的经营劳动所应得。画商满了我们不出山而衣食无虞的愿,是我们的衣食父母,应该感谢才是。和我打交道,怎么都好,就是别耍心眼。"

"其实你画得不顺畅别人也看不出来,你还是抓紧给阿白画了,了却一件心事。"祥婆这人心里装不了事。祥翁笑笑:"你放心,画还是要画的,谁叫咱答应了呢?而且不能太凑合,凑合是对人不尊重,我画得艰难说明阿白的心态转化比较艰难,心态不转化福报就积不起来。"

"你怎么知道人家艰难?"

"心和心是相通的。如果你安住于实相,同体观照,别人的起心动念是可以了了分明的。别人的心态可以直接作用过来影响我们的创作，我们的创作用心也可以调整对方的心态。我许过愿，愿所有见到我作品的人皆发菩提心，阿白当然不例外。"

"你常说善恶境上不起分别，其实我看你的分别心还是蛮重的。"祥婆揶揄道。

"你这样理解不分别吗？不分别是明心体，分别为心用。明心是为了更如理如法地用心。执着于不分别，本身还是一种分别，因为有个分别与不分别的分别。不分别不是顽空，不是痴呆症，不分别中了了分别，这就是智慧神通。你不妨回观返照，分别当下即是空，那个能起分别的从来就没有分别过。"

"光有理论不行，拿起笔来心里就堵上个东西，连画都画不流畅，那是真功夫吗？"祥婆也不是个好对付的。

"你给我笔墨伺候，这回看老夫手段。"祥翁一边跃跃欲试，一边说，"我还真得感谢阿白，是他返照出了我的分别习气。"

危机危机，危中有机

从美国的次贷危机开始，全世界都产生了金融危机，很快就演变成了经济危机，阿贤有点托不着底了，他问祥翁，下边的日子是否需要盘算着过，祥翁说你慌啥呀？危机危机，危中有机，愚人见危，智者见机，此起彼伏，彼死此生，如此而已，恶业感危亡，善业感机遇。奢侈品滞销了，必需品就畅销；大老板垮台了，小老板就崛起；无根的树倒了，有根的苗就长大；遇上瘟疫，事先研究出疫苗的人就发财；大忽悠的财富理论破产了，真实的财富理论就走红。我们银行里没存款，股市里没投资，房地产没插过手，没贷过款，没坑过人，也没花子孙钱，我们怕啥呀？

正说话间，有人来电话，说想出钱印一批《财神敲门》赠送大众，让世人醒醒脑子，祥翁说别着急，《财神敲门》又增加内容了，改名《财神会敲谁的门》，近期内将正式出版。

阿贤说，还真是，格林斯潘当初如果接受了您的理论，这场金融危机就免了。

大师请赐教

阿荫说要带一位上师来祥和谷,并强调这位上师境界非同一般。听阿荫如此讲,想必又是位大师级的人物。祥翁当然恭敬,准备接待。

大师光临,祥翁殷勤请问大师上下(法号尊称),大师说什么名字并不重要,祥翁很钦佩大师了无我相。

祥翁注意到大师的穿着尽管与俗服有别,但不是正式僧衣,也不是南传和藏传佛教装束。祥翁提醒自己,不可以分别心取人,非僧相、非俗相,或许另有深意,圣意难测。

祥翁把大师让进佛堂,大师不像一般出家师父进佛堂先礼佛,而是视若无睹地在沙发上坐下。祥翁听说过去禅宗祖师有呵佛骂祖以启后学的,想必真是位通人大善知识，连佛相也破掉了。

阿承等几个青年人也在场，由于祥翁的影响，他们不久前也皈依了佛门。祥翁便把他们介绍给大师，大师一开口把大家都惊呆了，大师说："你们还信佛呀？连我这出家人都不信了。"

看着几个面面相觑的新佛徒，大师又说："现在的僧人没有真修的，他们都怕我，我到了几个庙去，庙里的大小和尚听说我到了都吓得唧哇乱叫，全跑光了。"

听到这里，祥翁便起了警觉，心里想：你是什么？老虎？老虎闯进了羊群？

尽管如此，祥翁出于对出家人的尊敬，还是尽量保持一种虔诚的样子，尽管他已不敢肯定此人还是不是出家人。祥翁告诉大师，自己的皈依师父是某某大和尚，结果大师说那位大和尚是邪师，又说某某大和尚也是邪师。真恐怖，这几位在全国乃至世界影响巨大的大和尚竟都是邪师？整个的佛教界都被否定了，如此激烈地贬损出家人，祥翁还是第一次亲耳听到。

祥翁怕阿承等初机佛子听了这些话对佛法起退堕邪见，就试着岔开话题，请大师作点佛法开示，大师说："和你们有什么可说的？你们居士根本听不懂我说的法，甭说你们，连出家人都听不懂我说的法。现在的修行人都没有真功夫，我在地上捅个洞就能出水，谁起邪见我能把他送进地狱，我就能造出个地狱来。"

祥翁轻轻笑笑："您捅出水来是您的，您造的地狱也是您的，与别人无关。"

祥翁转脸看看几个青年人，他们好像对捅出水的神通也没什么好奇心，看来与那地狱也不会有什么关系。心里话，人家佛菩萨僧宝都热衷于把人往极乐世界引导，您怎么专门大开地狱之门呢？

大师继而又说，大多出家人贪供养，叫人家布施，其实布施不是这么回事，我就不这样。我希望众生把苦恼布施给我，把灾难布施给我，把业障布施给我，我来替他们承担。

祥翁由衷地赞叹这种为众生承担的菩萨精神，但也警觉了这其中的一个不易分辨的巨大陷阱。一般众生都是以有求之心学佛的，大概很少有人学习这种替天下众生承担的精神，一般师父在不适当的时机对初机信徒如此表白，只会使有求的众生把自己当成佛菩萨化身而陷入迷信。一般人心都在外边，都希望有个大菩萨为他承担一切罪过，这样的众生是没法得度成佛的。

佛之所以启发众生学会供养布施心爱之物，乃是为了对治众生的悭贪习性，并非佛菩萨有贪求。出家人向众生化缘托钵，不是由于他们懒惰想不劳而食，而是为众生种福田，唤醒众生的善根，从而改变众生苦难的命运，这本身就是一种承担。真正的承担不需要表白，反而常遭到误解。这种自赞毁他式的宣说，只会加深众生对三宝的误解和邪见，切断有缘众生的得度因缘。

这时大师又开口了："你们学了半天佛，你们知道学佛最要紧的是什么吗？"

"请大师赐教。"祥翁说。

"慈悲心，没有慈悲心就谈不上学佛。"大师说。

祥翁合合掌："谢谢赐教，慈悲心是很重要。"

大师又是一通棒喝，"你们根本不懂得什么是慈悲心。"

祥翁又合掌："愿听大师再赐教。"

大师又高傲地一摆手："算了，说了你们也不懂。"

这等于没说。

在阿荫提议下，祥翁陪大师及阿荫出去走一走。散步中，大师又强调了他能在地上捅出水和能造出个地狱，并把对他起邪见的人送进地狱的神通事。看看没有别人在场，祥翁便对大师说："您是出家人(其实祥翁至此也没搞清大师是否真出家人)，当着多人我不便于评说，您和我单聊说什么都可以，可有些话对一些初机人讲是不合适的。您不是问什么是慈悲心吗？现在我来回答您的考题，我不从字面上解释，只打一个比喻，看看哪个是慈悲心。

"话说一大批人想渡过一条大河到彼岸去，大河很宽，也没有桥，这一人批人中人多都不会游泳，有少数勉强会游几下的也没有那个体力游到对岸去。这时来了两位神通广大力量无比的游泳大师，其中一位大师观察人们的根机，就去找来一条船，让人们上船渡到彼岸。人们问：'师父，您会游泳吗？'这位大师怕人们不自量力打妄想，便说：'我也不会游泳，咱们一块老老实实坐船过河吧。'而另一位大师爱逞能，就告诉人们：'不要乘他的船，那人是邪师，连游泳都不会，渡不了你们的，那船靠不住，都跟我来学吧，你们看我神通多大。'于是便纵身跳下河游了起来。许多人看这位大师非同一般，神通广大，都很羡慕很钦佩，于是他们便舍掉了船，跟着跳下水去，其结果可想而知。我想这两位大师其中必有一位慈悲的，也有一位不慈悲的；有一位造极乐世界的，也有一位专会造地狱的。我回答的对吗？"

大师没有作声。

祥翁又说："当然那位撑船的大师也可能观察到这人群中有一两位具有特别潜力的人，稍加训练就可以成为广度众生的大力菩萨，于是他把这一两个人找到跟前，悄悄教他们游泳撑船本领，不让别人知道，这叫秘法。"

大师又没作声。

阿荫陪大师走后，几位年轻人凑过来，阿承说："祥翁，这人是个真出家人吗？他怎么这样说话呢？"

祥翁说："他是个什么和说了什么并不重要，重要的是我们从中体悟了什么，万物在说法，看你如何作法；一切是考验，试你如何用心。一切有相都是境，境无善恶正邪，心有善恶正邪。境是表法，众生随其智慧和心态所得不同。莫起佛见魔见，自然善取善舍，不分别时了了别。"

青年们也走了，祥翁在佛前拈一炷香，默祈各位一路顺风。到此时，祥翁也不敢确定大师到底姓释还是姓阿。但无论姓什么，都是如来本体的显化。在祥翁的眼里，从来就没有个什么叫魔的东西，也没有个什么叫佛的东西。无论谁来说什么做什么，祥翁总是得度受益。

你为什么要还一个美国人的钱？

阿洋总想做成几件大生意，但总是不得运。几年下来，可谓艰苦卓绝，身体都快垮了，几次进山来看祥翁时，都显得心力交瘁，祥翁都替他累。祥翁几次劝他脚踏实地地做点力所能及的生意，可阿洋固执地坚持要赚大钱。

有一次，祥翁问阿洋："按说如今人人都想赚钱，这无可厚非，可你为什么一定要赚大钱呢？你要很多钱干什么？"

阿洋的回答让祥翁啼笑皆非。他说他和爱人本来都有很好的工作，收入也算可以，可自从结婚那时起，他就发愿要尽快弄到百八十万元存着，好送还没出世的孩子将来到美国去读书。可如今儿子都六岁了，眼瞅着就该上学了,钱还没有着落,真让人焦心。

祥翁问:"你为什么一定要让孩子到美国去读书呢?"

阿洋说:"做父母的,总该让孩子享受最好的教育,成为高级人物,否则对不起孩子。"

祥翁问:"在国内就培养不出高级人物吗?"

阿洋说:"如今很多人都把孩子送到国外去读书的,我的好几个亲戚朋友都是这么办的呀!"

"那也不着急呀!大学毕业后出去深造还要好多年。"

"那不行,最好一开始启蒙教育就到国外,这样基础扎实。"

祥翁笑了:"你以前或前世是否欠了一个美国人的钱?"

阿洋有点摸不着头脑:"您这是什么意思?"

祥翁说:"否则的话,你怎么老惦记着要还一个美国人一大笔钱呢?"

阿洋说:"我啥时候说要还一个美国人的钱呢?哪个美国人呢?"

祥翁说："还不明白？你儿子呀。"

阿洋更奇怪："怎么说我儿子是美国人呢？"

"那我给你分析分析，看看是不是这么回事。七年前，或者是你的前多少世，你和你现在的妻子合伙骗了一个美国人一百万元钱，把人家给气死了。他生前拿你没办法，就投生到你这里当儿子讨债。你们两个人后来也感到不安，也没法补偿了，只好把这笔心债挂在心里。如今你儿子快长大了，你也本能地感到该还钱了，所以就着急，就上火，就不顾一切地折腾想弄钱还账，可是由于前世就是欠债人，这一生哪里能赚到大钱呢？"

"你别插嘴，让我顺着思路说下去。可这孩子毕竟是个美国人，来中国讨债六七年了，急着回美国去。因此，你就用送他上学的名义送他回国。其结局是最终你的孩子由于从小接受了美国文化，不懂汉语，因此他对中国以及你们夫妻这两个挂着父母名字的赞助人很陌生，却对美国的土地感到亲切。这不要紧，你们可以再赞助一笔钱，给他办个绿卡，于是他就成了真正的美国人。你们两口子过着没有儿子的生活，只能在梦里和儿子亲热。"

"后来,你们老了,挣不动了,希望儿子回到身边,儿子说,我不习惯你们中国人的生活,你们中国太落后了。你们让儿子寄点钱来,儿子说,你们中国人的依赖性太强了,我们美国是自由民主国家,各人独立自主,你们中国人的孝道在我们美国根本行不通。"

阿洋听到这里,连说:"不可能,不可能,那太可怕了。"

"不是不可能,太可能了。"

"我今生没有坑过美国人,前生也不可能坑过美国人。"

"如果是这样,那还有一种可能。"

"什么可能?"

祥翁说:"你是个追风赶潮、随波逐流、毫无主见、盲目追求的大——傻——瓜。"

阿洋挠着脑袋笑了。

你就是你，干吗非要像别人呢？

咪咪是一只聪明的小鹿，在万鹿苑子弟中学是比较出色的。只是它的长相太奇特，思维方式和行为方式都和其他小鹿们不入格。有的老师和同学称它是天才，认为它忒有个性，也有的老师和同学说它不可造就，理由是它学习不认真，背诵课文总出错，常被老师罚背罚写一百遍，而且回答问题总独出心裁，弄得老师不好给它判分。不过它也有它的优势，凡是分析题和发挥题它都答得很出色。

高考时，咪咪的分数不太理想，吃亏就吃在它不按标准答案答卷，不过总算过了录取分数线，可是体检一关却没过得去，人家说它不像鹿，因为除了那角是鹿的特征外，头像马，身子像驴，蹄子像牛。咪咪最后没有被录取。

咪咪受到了很大的精神打击，后来有位对它比较赏识的老师建议它到别的牛、马、驴学院碰碰运气。咪咪挨个学院都去碰了，都被挡在门外，牛学院说它不像牛，马学院说它不像马，驴学院说它不像驴。大家都嘲笑它为"四不像"。

咪咪失学了，就自己找一个山坡蹲着哭，哭得很伤心。它想自己怎么就会成为"四不像"呢？谁都不要，将来怎么实现自己的价值呢？难道自己真是个废物吗？它想爸爸妈妈怎么给自己生了个什么都不是的身体呢？

其实咪咪的爸爸在它还不记事时就死了，是妈妈辛辛苦苦把它拉扯大，按说咪咪该回家向妈妈倒倒肚子里的苦水，可是它想到如今的结局妈妈也有责任，就狠了狠心自己出走了。

在漫无目标的流浪中，咪咪见到一只老山羊，老山羊安慰了它一番便写了封推荐信叫它去向哲学家大象取取经。咪咪一想也是，我是"四不像"，人家是大象，是该去学习一下大象的经验。

咪咪见了大象，诉说了自己的坎坷经历，大象很和气地对它说，天生我材必有用，每个生命都是独一无二的天才，关键在于发现自己，开掘出自己独特的潜在素质，要有自信，为什么要像别的什么呢？

接着大象向咪咪讲了自己的成才经历。大象说自己由于特别的原因，长期和河马生活在一起，也受到排挤，河马们都笑它多长了一个大鼻子和两个长牙。但它非常自信，认定长鼻子长牙是天才的象征，它充分发挥自己的特长，终于成功了，被尊称为大象。

咪咪很受鼓舞和启发，发誓也要找到自己的本性，也能成为大象。大象便又告诉它，其实我也不算真大象，真正的大象是无形无象的，这个你现在还听不懂，将来会体悟到的。

咪咪豁然开朗，告别了大象，回家看望妈妈。妈妈听了咪咪前前后后的叙述，疼爱得眼泪直流，接着讲了咪咪悲惨的身世。她说孩子，我不是你的亲妈妈，你属于一种珍稀鹿种，叫麋鹿，在你刚生下不久，你的爸爸妈妈便被猎人杀害了。我丈夫——就是你的后爸爸，它为了救你，负了重伤。它强忍着剧痛把你叼回我家，便一头栽倒死去了。我把你养大，怕你分心耽误学业，一直没有告诉你。

咪咪听了妈妈的诉说，泪流满面地扑到妈妈怀里说：妈妈，我错怪您了！我对不起您，我今后一定加倍努力，我会给您争气的！

不久，经过大象介绍，咪咪以优异成绩考进了特色动物学院，这个学院的教学理念别具一格，特别重视潜在素质的开发。校长是白龙先生，副校长是麒麟先生，教务主任是凤凰女士。咪咪的指导老师，一个是曾经引起飞禽走兽归属之争的蝙蝠教授，一个是曾被讥为丑小鸭的天鹅教授。

在这个尊重本性、张扬素质的学院，咪咪成了品学兼优的尖子，再没有人称它为"四不像"了，它恢复了自己的真名，叫麋鹿。咪咪很谦虚地称自己是只"迷鹿"，曾经迷失过自己的鹿。

咪咪后来成了名，也当了教授，还被母校"万鹿苑子弟中学"请回去做过素质教育典型报告。

有一次咪咪应邀参加人类举办的"东芝动物乐园"时，主持人习惯地也称它为"四不像"，咪咪立刻正色纠正道：我就是我，没有必要像谁，若要说像，那么是马头像我，牛蹄像我，驴身像我，鹿角像我。他们都没学到我的全部，只有我才是集大成者。弄得主持人很不好意思。

三条腿的椅子能坐吗？

阿山在凤凰岭看到了祥翁画的魏老爷，生起了寻访祥翁的念头，这天他和两个同事登门造访。

阿山是某著名大企业的开创者之一，企业做大了，一切都在变，核心班子也在变，眼看着新班子中只有阿山一个老帅了。说话间阿山说出了自己的隐忧，不知自己该全身而退还是该继续做下去，想听听祥翁的看法。

祥翁不了解该企业的情况，更不愿在别人的路上指手画脚。于是，就想岔开话题，正在这时只听"咯嚓"一声轻响，阿山坐的椅子腿折了一条。其实祥翁的几把椅子早就破旧不堪了，但他舍不得换新，一则惜福，二则他和这些旧物有感情，于是用铁丝缠几下将就着用，在他看来，一把椅子坐的人多了那是有灵性的，你看它摇摇晃晃吱吱嘎嘎，不但有动作有表情，而且会说话。这不，椅子耐不住寂寞，表态发言了。

祥翁另搬了一把椅子来让阿山坐，阿山有点过意不去，说这三条腿的椅子也挺好，祥翁说："三条腿的椅子能坐吗？"

说者无心，听者有意。

过了些日子，阿山又来看祥翁，说上次来收获很大，并很感谢祥翁的指点。

祥翁怎么想也想不起自己指点了什么。

阿山说，他那次从这里回公司后，便径直找老总摊牌，他对老总说，自己刚进山拜访了一位高人，问了自己的去留问题，高人说三条腿的椅子不可坐，那我请问老总，我现在的椅子到底还有几条腿？老总也真不是等闲之辈，老总告诉阿山，你现在的确是三条腿，可你看看我若做你椅子的一条腿，够不够材料呢？于是阿山得知老总对自己是真诚信任的，心里便一下子踏实了。

祥翁笑得像孩子一样："我那话是信口说来，没有经过脑子的。"

阿山说："没经过脑子的话才是真话呀！"

阿山他们走后，祥翁越想越感激，人家阿山才是真会用心的菩萨材料，人家能听懂无情的椅子说法，而咱这等愚人反应就慢，接待人家两次才学到一句箴言："没经过脑子的话才是真话！"

万万没想到,顾全大局还得靠浑人

阿忠一声长叹。

祥翁问:"有什么不顺心的事吗?"

"我多难呀!盼了这许多年,好容易来了个投资项目,又让人搅了。"

"让谁搅了?"

"你想不到,我也想不到。咱这里人都挺厚道,全村就出了一个浑人,可偏偏这事就让这个浑人搅局了。"

阿忠就向祥翁讲了这个浑人搅局的故事:

老阿泉就是阿忠说的那个浑人。

前两天有人来祥和谷谈投资项目。那投资人是某劳改部门的一位干部，相中了祥和谷这个地方，要在这里投资搞一个狩猎场。他们几个人开着个吉普车进山来，在村口遇上一个人，这人就是老阿泉。但见老阿泉推了个独轮小车，小车上只搁了几把新割的大豆，优哉游哉在道中间走，吉普车在后边按喇叭，老阿泉回头看了一眼，却不躲闪，不理不睬，依旧慢慢悠悠地走着，那吉普车见按了半天喇叭全不管用，就想着从一边蹭过去，车根本还没挨着老阿泉，老阿泉却就势倒在地上，那干部便下车拉他，不想那老阿泉却站到吉普车前，堵着去路，说他们的车撞着了他，要给钱，不给钱不让走。那干部气得直瞪眼，从腰间解下一个手铐要把老阿泉铐起来。同来的人赶忙劝阻，说咱是来谈项目的，犯不上和一个农民计较，以免误了正事。那干部说，还谈什么项目？这里的人都是刁民，我们敢在这里投资吗？于是他们便气咻咻地掉头回去了。

听了阿忠的叙述，祥翁开心地笑了："想不到这老阿泉还能做出如此漂亮事。"

阿忠苦笑："分明胡搅蛮缠，还漂亮事呢！"

祥翁说："你想啊，开狩猎场乃是杀生害命之事，无论在何处干都不是正业，更何况这里是大佛山前的祥和谷，这项目如果搞成了，祥和谷就成了屠宰场了，不仅毁了这一块地方，害了一方生灵和一方百姓，更害了投资人自己。你再想一下，谈生意项目还没忘随身带着手铐，这股杀气有多强烈，有道是和气生财，杀气不生财呀！"

"哎哟，这点我还真没想过，我光打算项目了。"

"不该做的事情做不成，这是佛菩萨的加持，也是护法神众的护持，这个局搅得好，大好事呀！你想想，要制止这件事，你没想到，我也做不出来，其他人都不合适，只有老阿泉，反正他在人们眼里是个浑人，他这样耍一次浑别人觉得很正常，浑得恰到好处。保护了一块道场、一方生灵、一方百姓利益，也保护了当事人免造恶业免招恶果，功德无量呀，做好事不求落好名，只有菩萨才能做得出来，老阿泉不可小看呀！"

阿忠也开心地笑了。

谁给保险公司保险？

十几年前，祥翁决定进山隐居，从此不涉足名利中事，为此，他终止了和老板的合作，放弃了已获得和正在受理过程中的几项国家专利，辞掉了地方政协的职务，甚至连养老保险也放弃了。阿贤劝他，别的放弃也就放弃了，你怎么连养老保险也不要了呢？祥翁说："谁给保险公司保险？"阿贤说："您太多虑了，国家不可能看着保险公司倒闭。"祥翁说："天下事不是谁能主宰说了算的，真正的保险只能靠自己，诸恶莫做，众善奉行，积累真实福报。"

当时大家只是听了，一笑了之。十多年后发生了世界性的金融危机，美国等各发达国家银行纷纷关门。保险公司保不了了，也关门。有的国家也扛不住了，于是就产生了从来没听说的新词，叫国家破产。

这世界还真是，什么都依靠不得。

子虚说给乌有听，人类说给自己听

一个无色透明叫作子虚乌有的外太空高级生命，无声无息不着痕迹地来到地球上空。这生命体若有相若无相，若有质若无质，虚幻灵妙可分可合。

这不，他耐不住寂寞了，就轻轻一抖分成两个，对起话来：

乌有：子虚老师，我看这个小星球就不必考察了，根本没有存在生命的可能。

子虚：此话怎讲？

乌有：你看这星球呈恐怖的蓝色，地表流淌翻滚着可怕的液体水，外面还被一层厚厚的有毒气体——氧气包着,什么生命能在这种环境中存活呢?

子虚:那倒不一定,据我所知,宇宙中的生命是多种多样的,有些特殊形态的生命,不仅可以在氧气中存活,甚至连水也不怕。

乌有:即使这星球上的生命不被水和氧气毒死,可他们靠什么作为维持生命的能量呢?要知道,生命赖以生存的各种宇宙射线大多被这层毒气隔绝了,很少传到地球表面。

子虚:宇宙间最不缺乏的就是能量,一切物质都是可以作为能量被利用吸收的,只是吸收利用的方式不同罢了。

乌有:不管怎么说,像这个星球上这样恶劣的环境,究竟怎么个生存法,我想象不出来。

子虚:那么我今天就再给你上一课。实话和你说吧,对于这个星球上的生命状态,我曾做过深入的调查研究,掌握着大量的第一手资料。

乌有:那太好了,子虚老师,我又可以长见识了。

子虚:宇宙之大无奇不有。这颗小行星称为地球,这地球上也是一个生机勃勃、丰富多彩的世界。尤其是这地球上的生命形态，可算是宇宙中的一大奇迹。你看到地表上那些绿色没有？

乌有：您说的是那些斑斑驳驳的苔斑？

子虚：那便是一种生命，叫作植物。它们从土地中生出，在水的滋润下，靠吸收土壤中的无机盐，吸收大气中的二氧化碳和太阳的光能生长。

乌有：这些植物竟能把水和二氧化碳转化成能量，还能从土壤中吸收营养？太神奇了。

子虚：植物算这地球上的低级生命，比植物更奇的还有动物。

乌有：动物什么样子，和植物有什么区别？

子虚：植物不能行走，动物能行走，因此称为动物。动物一般有血有肉，有视觉、听觉和嗅觉，但也不尽然。动物和植物形成一个共生的场，植物吸收二氧化碳呼出氧气，动物则吸收氧气呼出二氧化碳。

乌有：据我所知，氧气比二氧化碳的毒性厉害百倍，动物竟可以吸收转化成能量，这动物太不可思议了。

子虚：不仅如此，我们一般生命视为粮食的紫外线、伽马射线等各种辐射营养能量的物质，对这地球上的生命却是致命的。动物不能像植物那样直接进行光合作用，然而它们却能把植物吃到肚子里，通过植物把阳光、矿物等能量间接转化为自己的营养。它们有的能长期在水里生活，还有的能在空气里游泳，它们叫作飞翔。

乌有：这么说，这地球上的动物比植物还厉害，且各有非凡的神通能力。

子虚：更厉害的还有，地球上有一种比较高级的动物叫作人，是动物界乃至整个世界的霸主。他们有思想，有可以用来表达思想的语言和文字，还会造各种奇奇怪怪的器具。

乌有：这么说，他们已经很了不起了，那他们靠什么生活呢？

子虚：人类和其他动物一样，也是靠呼吸氧气维持基本营养，食物除了和其他动物一样也吃些植物的根、茎和果实外，还有一种他们认为高级文明的吃法，那就是捕获宰杀其他动物，并把这些动物的尸体用刀切碎，和一些植物叶子之类的东西搅拌成黏糊糊的垃圾状，用火烧煮后，塞进嘴里食用。

乌有：哎哟！多恶心呀！那他们不成了垃圾桶了

吗？那腥臭又血淋淋的动物尸体，他们怎么能下咽呢？

子虚：人类的感觉器官和我们的不一样，他们不像我们这样透明轻灵，靠清新的宇宙射线提供能量，他们是血肉之躯，本来就是混浊之体，因此就需要这些不干不净的东西来维持。我不是和你说过吗？宇宙间的一切都是能量，这些能量通过不同的方式转换变化。

乌有：这倒是，不同的生命体，应该有不同的生存方式。想必人类在食用动物尸体和植物残茎败叶时也是很香甜有滋味的吧？

子虚：你有些开窍了，学会换一个角度想问题了。

乌有：我还是有些不明白，您说地球上的人类已经懂得了文明，那他们的文明都体现在哪些方面呢？

子虚：这太多了，比如说穿上衣服。

乌有：穿上衣服是怎么回事？

子虚：用纤维织成的布包裹住身体，不让别人看到。

乌有：这么说来人类认为他们的身体是丑恶的？见不得人的？

子虚：理论上他们也说身体是美的，但还是要包起来，可能是由于某些身体部件让人看见就会产生邪恶的联想。

乌有：人类挺复杂的。

子虚：再比如说创造了语言和文字，这就为他们彼此之间掩饰自己的真实意图找到了办法。

乌有：这么说，他们不仅要掩饰自己的身体，还要掩饰自己的思想，他们为什么要掩饰自己呢？

子虚：人类总有一些奇奇怪怪的坏念头，总是想得到和索取。利益呀，感情呀，地位呀什么的，他们不好意思直接地赤裸裸地去取、去争，就要借助语言文字，编排一些好听的说法或理论。

乌有：噢！还有哪些文明呢？

子虚：再如，人类还创造了各种工具和机器，以便把更多的植物和动物杀死，或捕捉来为自己享用。把土地中、水中和空气中的各种物质变成他们需要的东西。

乌有：他们难道不知道万物有灵、万物一体吗？不知道地球和水都有生命吗？不知道把别的生命都消灭光了，以后他们也活不成了吗？

子虚：有些东西他们隐隐约约意识到了，有些还全然不知。即使知道一些，他们也不想遏制自己索取的欲望。人类有一种理论,说世界上的一切植物和动物,乃至一切物质,都是上帝为人类准备的,人类有资格随心所欲地奴役、杀害或破坏。

乌有:怎么会有这种霸道的理论?

子虚:他们认为,宇宙间他们是中心,他们是万物之主。

乌有:坐井观天,说大话,是否太狂妄了?

子虚:不仅如此,他们还创造了让他们自己都感到惊心动魄的"文明"产物,那就是各种武器,如原子弹、氢弹、中子弹等。

乌有:造那么厉害的武器干什么?

子虚:人类不仅把人类之外的万物排斥在我之外,甚至每个群体、每个人还把别的群体、别的人排斥在我之外,造武器的目的就是相互残杀。

乌有:那太危险、太恶毒了,他们良心上过得去吗?

子虚:人类有文明呀!他们有语言文字呀!他们每造一种武器,就会有一些语言和文字宣传这是为了和平、为了爱、为了进步。即使动用这些武器大规模杀人时,也是用各种美好的语言文字粉饰成"为了正义和人权""为了保卫和平"。

乌有：如此说来人类太虚伪了。他们的所谓文明，说到底是索取、索取、再索取。这样的文明太可怕了。如此说来，人类是一个可怕的物种，人类文明是一种邪恶的文明。

子虚：不能这么下结论，只能说这是人类文明的重大误区和偏差。

这些误区和偏差是建立在对于人类和宇宙关系认识的偏差之上，是不成熟的表现，是人类进化的一个过程。客观说来，人类中真正文明的种子还是很多的。大家都向往和平吉祥，很多人都在觉醒过程中，很多人在思考，在呼唤善良和道德，出现了很多优秀的思想家、政治家、哲学家、科学家和宗教家，都在致力于人类文明的思考，提出了很多建设性的理论。如"慈悲""共生""民主""博爱""环保""天人合一""可持续发展"等。但由于他们知识的不完备以及诸多的局限，他们的见地和理论都不究竟，又都各执己见，互相便无法沟通，形成许多学派、教派、主义以及各种阵营，相互指责攻讦，结果越搞越复杂，越整越麻烦。那些善良的人们，由于智慧不够，就难免陷入盲目的迷信。

乌有：他们的迷信都表现在哪些方面？

子虚：方方面面多得很，比如不知道真理的究竟，又要相信某一个学说，只能迷信。

乌有：如果不信呢？

子虚：不信也是迷信，是另一种迷信。

乌有：这怎么讲？

子虚：比方说，人类目前科学进步很快，但还远远不够，因此局限性很大。他们把用他们的感觉器官感觉到的和用仪器观测到的东西就认为是一种存在，感觉不到观测不到的就认为不存在。对生命也是一样，他们把和他们类似的，靠水和空气存活的东西叫生命，靠别的东西存活的就不算生命。尽管自然的斗转星移、风吹雷动都是自然生命现象的运动，但由于和他们的生命经验不相像，他们就不承认是生命，因此才敢对地球动大手术，开膛破肚抽油剔骨。地球的生命力已经被大大削弱了。与此相反，也有一些宗教和其他理论认为，虚空中有神灵等高级生命。这就热闹了，如有人说太空中有一种眼睛看不到的生命体，便有一些人坚定相信，甚而诚惶诚恐地磕头烧香，祈求这生命体——他们心中的神灵，来拯救和保护他们。由于他们并不知道这生命体的真相，这种信肯定是迷信。而另一些人就坚决不信，他们的理由是，看不见、摸不着，违背了科学。这种不信仍然是迷信。他们相信的不是真正意义上的科学精神，而是科学目前发现的局部经验，这种不懂科学的科学信徒，也是迷信。

乌有：这么说，我们现在正在他们上空，他们看不见我们的形状，就不知道也不一定相信我们的存在吧？

子虚：那当然。

乌有：子虚老师，您不觉得我们应该帮助他们进化，帮助他们认识宇宙、认识生命和认识自己吗？

子虚：你说说看，怎么个帮法？

乌有：我们可以用他们的语言在空中宣讲宇宙的真理，让他们觉悟。

子虚：那不行，大多数人类都相信经验，在他们的经验中，虚空是不会说话的，如果他们忽然听到空中发出语言，他们会大惊失色四处逃窜的。

乌有：那我们显现他们信仰的神灵形象，让他们先相信我们是一种存在，然后再和他们讲话。

子虚：那也不行，那许多没有宗教信仰的人们会吓死。那些信仰对象和我们显现形象不同的人也会吓成精神病。即使是那些信仰对象和我们显现形象相同的信徒也大多是叶公好龙。别看他们整天对偶像顶礼膜拜，如果有一天真在天空忽然出现上帝、菩萨，他们也会恐怖甚至精神崩溃。因为我们无论显什么形象，都只是一种方便法门，并非究竟的宇宙真相，对形象的迷信，会大大阻碍他们对宇宙真理的彻悟。

乌有：这可真没法子了。

子虚：因此说，不顾人类目前的智慧程度，想一下子让他们达到真理的终极是不可能的。只能采取种种潜移默化的方便法门，促使他们循序渐进地进化提高，事实上我们一直在做。

乌有：这太令人着急了，眼看着人类犯了那么多错误，吃了那么多亏，活得那么艰难、烦恼，却无法实实在在地帮助他们，我感到很内疚，很难过。

子虚：关注生命是我们的本分，这宇宙间不能没有爱，不能没有慈悲。人类是一个非常有希望的物种，我们不但应该帮助他们，而且只要想帮助，就会找到恰到好处的办法。

乌有：那又会有什么好办法呢？

子虚：现在就有个很好的机缘。

乌有：什么机缘？

子虚：这地球上有个叫赵文竹的人，善根蛮好，只是清楚时说糊涂话，糊涂时说清楚话。他有一些灵感、一些想法想写出来，希望对人类的进步有点好处。或许可以为人们认识研究宇宙人生提供几个新的思考角度和方法。可是他的思想在很多人看来太不可思议，实实在在地写，肯定不是被迷信的人抱住大腿，就是被不信的人打了屁股，正在为难。

乌有：我们能帮他使上什么劲呢？

子虚：这事好办，我们两个就在暗中给他注入灵感，免得他出什么偏差。另外，我俩再化身他笔下的形形色色的人物，凡他笔下那些以老师、明白人面目出现的人就由我子虚扮演，那些糊涂的、受教育的和栽跟头的就由你乌有扮演。

乌有：您倒真会安排，您老是英明，我老是糊涂虫、倒霉蛋。

子虚：咱们谁跟谁呀？

乌有：反正您是老师，我听您的就是了。

子虚：那好，就这么办了。子虚乌有在地球人类的词汇中就是没有的意思，再加上文竹那醉八仙似的荒诞写法，就会造成一种似是而非、似非而是的效果。智慧够用的人从中自可悟出些道理，智慧不够用或不感兴趣的人就一笑了之，反正是子虚乌有的神聊海侃。这样一来，迷信的人不会对子虚乌有磕头，不信的人不会对子虚乌有下家伙，既无大腿可抱，又无屁股可打，也避免了赵文竹说错话而犯错误，天堂地狱都没他的份。

乌有：这主意绝妙，咱们赶快就下去吧！

子虚：别急，为了确保效果，咱们下去既要选好时机，又要显出一点征兆。

乌有：现在是世纪之交的敏感关口，时机正好。征兆嘛——你不是说不可以显相吗？

子虚：显相吧，容易引起混乱，不显相吧，又不容易引起注意和思考。

乌有：如此说来，我们可以短暂地显一下不很具体又不同一般的相。就是说显一个不明飞行物的相。

子虚：你很聪明，这是咱的拿手好戏，妙在有相可见，无质可得。

乌有：就这样办吧，准备好，开始！

某地上空，大晴天无端地出现了两个月牙儿形的发光体，这两个月牙儿静待了片刻就上下交叉翻飞。

过了一会儿，两个月牙儿便对接成一个圆圈。这光圈在空中待了约有十分钟光景，便渐渐模糊淡化，消失在虚空中。有几百人目睹了天空的这番奇观。人们都很惊奇，很兴奋，议论纷纷。有说是飞碟，有说是UFO，有说是佛光，还有说是外星人的。可惜这些人都没机会找照相机或摄像机，把这镜头留下来。某晚报这天连续接到许多电话，甚至有人专程来报社反映他们的发现。他们煞有介事绘声绘色地描述了天空中出现的景象。由于反映的人太多，又惊人的一致，报社就不得不重视。如果属实，这确是一条爆炸性新闻。可惜没有照片等影像资料，只能发一个简单消息。可是见报后，报社又接到了更多的电话，有些人对此事感兴趣，询问细节，更多的人却是责难。他们强烈地批评该晚报不负责任，刊发无根据的荒唐新闻，引发社会的混乱和无端的恐慌。某电视台当天也曾接到许多有关不明飞行物的目击电话，但由于没有影像资料，实在没法发电视新闻。当然他们也就免去了人们的责难。然而他们也不甘寂寞，这么一个让全城人都议论纷纷的话题，他们不说点什么好像不太合适。这时候他们想起了一个人，这个人叫梁恒，是个很有名的天文科学家。他不久前发表的一篇关于宇宙湍流的论文，在全世界都引起了反响。宇宙湍流是个世界性的题目，有人在三百多年前就提出了关于宇宙湍流的假想。然而三百多年来，一直没有人能够证明，更无法说清楚其中的规律和状态。梁恒的发现，可算是人类继相对论、量子力学之后的第三重大成果。更有意思的是这梁恒对宗教、生命科学UFO等也有很深的研究和证悟，是个阴阳双料奇才。正巧此次发现不明飞行物时，梁恒正在那个地方度假，于是电视台就找到梁恒进行采访。

　　梁恒历来对电视镜头不感兴趣，谢绝了拍摄，对于记者提出的不明飞行物问题，他只是笑笑，说："又是那子虚乌有，真多事！"

电视台得了这句话，也就知足了，当晚就发了新闻，播音员这样说：

"就这几天社会上纷纷议论的不明飞行物现象，我们采访了正好当时在该地度假的我国著名科学家、飞碟问题专家梁恒教授，梁教授说那纯属子虚乌有之事，对于这种多事的传言，建议大家不要相信。有些报纸的报道乃捕风捉影，搞乱了人们的思想，是极不严肃的。"

紧接着，电视屏幕出现了一个据称是某光学研究所的研究员、资深科学家的人。该科学家表示，即便人们传言的不明现象属实，那也是很正常的自然现象，雨后有彩虹，沙漠和海中有时有海市蜃楼，这都是特定情况下太阳光在大气中的折射现象，不明飞行物这种奇特造型和动态，一定是太阳光和大气的杰作。当然具体的形成机制，还有待于科学的进一步研究。

话说这地球上的某个角落，还真有一个叫赵文竹的人，这人的人品倒不坏，就是常常冒出些奇奇怪怪的念头，做事方式常常显得不合常理。这人没念几天书，苦力出身，却自以为算个人物，后来好上了画画，混了点小名堂，于是靠卖画活了些年头。再后来又莫名其妙地搞了几项发明专利，又咋呼着混了几年饭。南跑北奔地闯荡了半生，终于跑累了，跑烦了，想想功名利禄这些东西都不是那么回事，于是就钻到某地一个小山沟歇脚、喘气。这期间有人送了他几本佛经，起初他不以为意，后来出于礼貌就拿起来读了几页，读着读着就读进去了。

他本来狂妄地认为这世界上的书都没有什么了不起，这会儿才发现人世间还有如此博大精深的智慧，这才第一次心悦诚服地磕头拜师，成了释迦牟尼的第八万四千代在家弟子。有道是山中方几日，世上已千年，眼下身体歇过来了，气也喘匀了，猛一抬头，见 21 世纪的太阳已搁在东山顶上。回头看看自己，名字还是 20 世纪那个名字，人却已不是 20 世纪那个人了，心想老这么干坐着太辜负生命了，可无论怎么想也想不出有什么伟大事业必须去做。这天看了晚报上不明飞行物的报道，他忽然若有所悟，尤其听了电视上关于梁恒"子虚乌有"的说法，不知触动了哪根神经，竟文思如潮涌，灵感滚滚而来，于是他就趴在桌子上写呀，写呀，一个劲地写。几个月的时间，就写了几十万字。有人说是小说，有人说是散文，有人说是寓言，有人说是科幻，有人说是神话，也有人说什么都有什么都是。只有他自己知道，其实什么都不是。

因为他压根儿就不知道什么叫小说，什么叫散文，什么叫科幻，什么叫神话。瞎写呗，管它叫什么。他悄悄偷着乐，心想，原来这世界上的一切说法都是说给自己听的。

你比兔子高明不了多少

我二十岁那年，有一次独自上山，忽然惊起了一只野兔，那兔慌忙向东奔去。山中人都知道野兔的习性：遇险时，它一般不向下或向上跑，而是绕着山坡跑。或许它觉得这样平跑起来稳当，我知道那是一座东西向的山梁，其时我正在北坡，如果无意外，那兔跑向东头后一定会顺着山坡绕到南坡往西跑，因为在它看来自己一直在往前跑，而感觉不到是绕着圈子。

好奇心使我紧跑几步翻过山脊，在南坡等着看那兔子。不一会儿，只见那兔子风驰电掣般由东面奔来，正奔到我脚边，待它突然发现我时，为时已晚，我以逸待劳，飞起一脚，将它踢翻，它踉跄而去。我想象那兔子：

它回家后肯定百思不得其解，认为撞上什么鬼神了，分明已把发现它的人甩在身后，向前跑了那么远，怎么这人又出现在它前面呢？他使了什么妖法？

我感到好笑，笑那兔子的愚蠢和可怜：它只知道向前跑，对山没有立体概念，迷迷糊糊又跑了回来却全然不晓。我得意了片刻，忽然一个念头使我打了一个冷战：兔子的感知能力固然很少，可我呢？我们这些自以为聪明的人类呢？这个宇宙中的秘密我们究竟感知了多少？是否眼下正有一种我们尚且感知不到的神秘力量正在像我对待兔子那样，在注视着我？！它能够预知甚至左右我的人生轨迹，它或许也会恶作剧般地在我们人生旅途中设下种种我们意识不到的灾难和惊喜。如果它偶然也像我对待兔子那样飞起一脚对待我，那可就惨了。

我下意识地抬头望天，仿佛觉得云缝中有一只巨大的眼睛正注视着自己，我不寒而栗。这个念头跟随了我二十年。我觉得从某种意义和层次上讲，我们人类比兔子高明不了多少。在这个世界上，我们是那样微不足道。我感谢那只兔子，它冒着被我踢死的危险，用它特有的方式，点化了我。

姑娘，你可别想明白了

小梅对祥翁说："不知怎的，自己常一个人发呆，把周围的一切都忘了，脑子里空空的什么也没有。"

祥翁说："其实这是一种很好的状态，一般人们整天七想八想，搞得烦恼横生，发呆比瞎忙穷忙好多了。"

小梅问："这是不是佛说的那种空和定？"

祥翁说："这种空只能休息不能开智，要起观察，观察这个知道空的东西，在什么方所，是什么相状，要明明了了地观察，不要死呆，要清清楚楚地看着自己发呆，在这种似呆非呆的状态中保持一种觉知，这就是功夫了。你知道《心经》里头三个字'观自在'的意思吗？这个'观'非生非灭，无方无所，不垢不净，无名无相，非有非无,是自在的,本来自在,非关言说。不起观落顽空,顽空是愚痴因。"

小梅说我明白了,祥翁一笑:"刚才还挺好的,这一明白悟门又堵上了,还是呆好。"

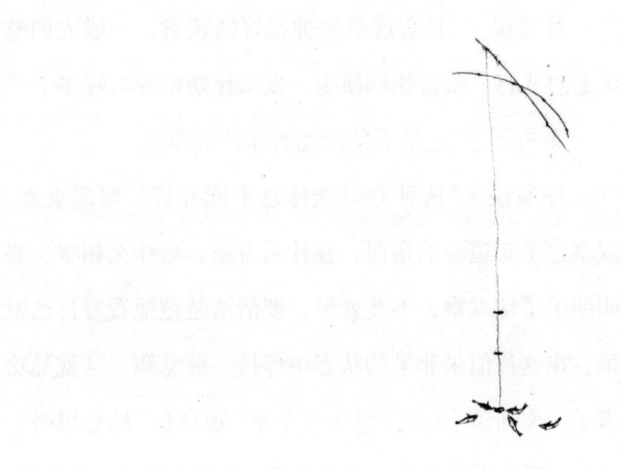

原来我们是神仙

你本来就活得很好,
就怕你自己不知道。

坐得住是定力，跑得动是活力；

睡得着是安宁，睡不着是精神；

吃得多是胃口好，吃得少是功夫好。

怎么都好，没什么不好。

心安是福,知足是乐

村支书阿忠向祥翁抱怨,说这山里缺乏资源,引进个开发项目很难。祥翁说这祥和谷有座天然大佛山,从地理位置、地貌特点和诸多因缘看,这是一个天然佛地,将来必然成为一个很重要的道场。如今所应做的不是开发,而是保护,等待时节因缘,时节因缘不到,任何盲目开发乱动都只能是一场破坏。

阿忠说:"可我这个当家的着急呀,人家周围的乡村都富了,有些老百姓都住上小楼了,可咱们还是老样子。"

祥翁说:"各地各村各有因缘,各有福报定数,盲目学别人比别人,不仅学不来比不过,反而会把我们自己应得的福报折进去。"

阿忠问:"你说我们的福报在哪里?"

祥翁说:"福报在心。只要我们心神安泰,知足抱朴,清净养德,不失定力,福报就会不期而至。"

"这怎么可能呢？"阿忠怀疑。

"心安本来就是福,知足本来就是乐,赚钱开发为的便是求福求乐。我们不求而得福,知足而得乐,一切本来现成,这是第一层意思。"

"那第二层意思呢？"

"咱们不怕周围的村镇都富起来,如果周围都变成高楼林立的城市,只有我们这里是老样子,那我们这里就增值大了,我们这祥和谷就成了滚滚红尘中的一小块生态净土。城市是欲望的海,人们在这个欲望的海中挣扎奔波久了,就会疲惫不堪,烦恼横生,这时他们就要寻找一种清净和解脱。当他们有一天来到这古风犹存的祥和谷,见到这里的百姓仍然如此安详和悠闲地生活着,他们便会产生一种久违了的亲切感、归属感。如果我们山里人不羡慕城里人的富贵豪华,只是很自足地和他们说,看看我们这里的山多绿呀,这里的水多清呀,这里的空气多爽呀,他们就会对我们山里人油然生起恭敬心,他们会来施资建寺,会来朝拜。当然,也会对这一方百姓关照有加,这不是大福报是什么？"

你不理解我，不代表我没法活

阿云教授和祥翁是老交，他听说祥翁进山隐居，十分不解："你既没有工资，又不肯做生意，怎么活啊？"祥翁说："一个人只要肯简单，清心寡欲活着很容易。"过了几年，阿云教授又和祥翁取得了联系，他又说："你这样一直蹲在山里，怎么生活啊？"祥翁说："事实上，我一直还活着，而且很快乐。"前不久，阿云教授发现祥翁竟然出了好多书，很是惊奇："你不但活着，而且出了这么多书，怎么弄的？我们这些专门搞文化的，一辈子辛苦想出本书也挺不容易的，你一个人在山里待着，竟然能出这么多，谁给你投资啊？"祥翁说："这你就别管了，总之自有一些无名大德会投资赞助。""那人家会给你稿费吗？""我不需要钱，所有稿费都折成书给我，我送给那些喜欢的人，有人给我一些钱，我再换成书送人，结果我的书越来越多，我的朋友也越来越多。"阿云教授说："怎么好人都让你赶上了，我们出书送人，没人想起来给钱。"祥翁说："那说明他不需要这书，他若真正需要或者这书真能感动他，他自会设法推动赞助你的创作。创作不能孤芳自赏，孤芳自赏便没有读者没有市场。我们如果真的无所希求，一心成全读者，那读者自会反过来成全你的创作。如果不是这样，那是我们的创作有杂质，或者是我们的福报不够。"

阿云教授听了，有些感触，但还是有些不太理解。

如果你写书没有自我，百分之百是为了读者的利益，那自有读者为你埋单；如果你写书只是为了表现自我，宣传自我和兜售自我，那你只能自我给自我埋单。

有些事，世间人真的很难理解，想真正理解，就必须真正把自我放下。

科技真的可以改变一切吗？

造化神奇。

茫茫的荒野中，孤立而倔强地耸立着一棵伟岸的生命树。圆球状绿色的巨大树冠，在黄沙砾石和天边火烧云的映衬下，愈加彰显出一种生命的庄严。

这棵生命树在这死寂的荒野中生长了不知几百年几千年了。没有谁能说清它最初的缘起。

生命树绿叶间生活着一种可爱的毛毛虫，它们恬淡知足，乐天知命，每天靠咀嚼几口树叶维持生命所需，活得优哉游哉。毛毛虫们和大树似乎达成了某种默契，彼此相伴相安，大树一年年地生长，毛毛虫的家族也一年年地繁衍生息。

不知过了多少年，毛毛虫的社会也经历了许多年代了。不知不觉间，毛毛虫们的本事见长，他们已经不满足于年复一年咀嚼树叶了，想尝试一种新的活法。这时有个叫大能的毛毛虫发明了一台树叶榨汁机，于是毛毛虫们改变了进食习惯，变咀嚼为吸吮。它们大口地品尝着加工好的叶汁，不仅味道鲜美，牙齿也不再受累，胃肠和排泄器官的负荷也大大减轻，因此，大能被视为英雄，成了毛毛虫们的骄傲。

大家生活提高后，那些榨汁后淘汰的树叶便不再作为食物而被大量抛弃，有个叫大老的毛毛虫看在眼里，忧在心里，他说这样不好，树叶子是天赐之物，不可以浪费的，又说欲望是个魔鬼，一旦放纵，就会祸害世界，还是应该像先民一样乐天知命，少欲知足，和环境和谐相处。可是大家已经初尝了成品叶汁的美味甜头，口腹之欲已被唤醒，因此纷纷表示支持大能的创造，并嗤笑大老的理论是老皇历，该淘汰舍弃了。连一向高尚的宗教家大天也迎合大众的口味，悄悄地修改了古圣的教义，强调说毛毛虫是上天的宠儿，所有树叶乃至整棵大树都是上天专门赐给毛毛虫们的礼物，尽可以放心大胆地开发享用。因此大能和它的追随者们更是有恃无恐。

由于生活的改善，毛毛虫们越长越肥大，头脑也越来越灵活，但是牙齿和胃肠等器官功能却日渐退化，当然它们并不害怕，它们相信知识是可以改变一切的，它们觉得现代毛毛虫就应该靠头脑生活。

渐渐地，毛毛虫们发现周围的树叶子越来越稀疏，已经挡不住荒野中的冷风，它们感到阵阵寒流，但这不要紧，毛毛虫们的创造力已大幅提高，大能的弟子们创造了全新的穴居生活方式，即在树的枝干上凿洞居住，形成了大大小小的部落村庄，甚至有些居住区具备了城市的雏形。它们还提取树叶纤维做成衣服抵御寒冷，可谓饱暖有保证。

由于穴居和衣服的保护作用，毛毛虫们身上的长毛便失去了作用，于是逐渐退落，久而久之，毛毛虫便成了裸虫。

裸虫创造了种种工具和技术，也创造了自己的全新面目，因此它们的自信心倍增，以至于达到了自负的程度。它们热衷于各种发明和造作，越来越习惯于生事造业，它们觉得这种生事造业的活动很伟大，能推动历史前进，便称之为伟大事业，认为值得抛头颅洒热血奋斗终生。它们认为大老的和谐知足思想是拉历史的倒车，是阻碍社会发展的消极因素，故而把大老的理论批判一通，然后抛到九霄云外。它们是那么热衷于生事造业，甚至每一个裸虫诞生伊始，大裸虫们都要不厌其烦地向它们灌输一些伟大的现代思想，要求它们立大志将来成为做大事的英雄。于是这个裸虫社会中便涌现出了数不清的改天换地、叱咤风云的英雄，社会高速运转。

欲望真是个怪物，它的膨胀速度远远超出物质条件的发展速度，于是裸虫们渐渐地懂得了烦恼，它们开始怨天尤人，它们希望吃更精美的食物，住更舒适的房子，于是大能便领导它们挖空心思地发明和创造。功夫不负有心虫，一种口味极佳、营养极高的新食品诞生了，其方法是将大量树汁再加工提炼，提炼出其中一点精华物质，它们称之为"精中精"，据称这种"精中精"含有数百种天地精华，食之不但可以益寿延年，而且大大有利于智力开发，只是成本太高，对资源的消耗太大，生产每一克"精中精"需要消耗叶汁十公斤，而生产十公斤叶汁则要耗掉五十公斤的上好树叶。因此遭到一部分环保志愿者的激烈反对，这些环保志愿者都是大老的信徒。然而这些环保志愿者的力量太单薄了，根本无法和全社会性的欲望大潮抗衡，结果"精中精"还是被大规模上马生产。

裸虫们没有意识到，它们的一切伟大的发明和创造，都只不过是一种资源的消耗转化和对精华的提取而已，其实它们从来没有从虚空中创造出一丝一毫的物质。

发展和开发就这样高速甚至失控地进行着，能够被利用的树叶越来越稀疏，大片大片光秃秃的树枝又被掏空建造成各种居住豪宅和游乐设施，城市化进程一日千里，从远处观察这棵生命树，已经遍体鳞伤，早已不是原先那个生机勃勃的绿树了，而是呈现褐绿灰白间杂、斑斑驳驳癞头疮一样的形象。

终于有一天，裸虫们惊讶地发现，它们赖以栖息的大树已经老态龙钟，树叶子的再生能力被极大地削弱，树叶子已远远不足以养活它们这些贪婪的裸虫了。面对这场严重的生态危机，大老的弟子们又站出来大声疾呼保护生态，节制欲望，实行可持续发展的和谐方针。然而物质财富对感官的诱惑毕竟太强大了，不仅大部分裸虫国民不肯放弃高消费的生活方式，就连那些生态环保的倡导者们也无法真正放弃自己的物质欲望。因此它们只好又祭起发明创造的大旗，希望借助科技的力量，力挽危局。裸虫当局发布公告，重金悬赏发明创造，并把科技宗教化，由原来的相信和尊重上升到信仰和崇拜的程度，不允许任何虫对科技提出质疑，谁提出质疑便以反科技罪追究刑事责任。

科技的神通一旦和裸虫的欲望联手，便会爆发出惊世骇俗、令天地变色的巨大能量。正所谓重赏之下必有勇虫，大能的第三百七十世孙———一位名叫大业的裸虫，终于有了一个惊虫的发现，它发现生命树枝干深处蕴藏着大量的液体，这种液体中含有丰富的叶汁成分，可以直接用来提取"精中精"，大大缓解裸虫们的食物危机。这项重大发现大大地增强了裸虫类征服自然的信心，并因此获得了世界科技进步大奖。

一场规模空前的新资源开发战役打响了，裸虫们竞相在一切可能有树汁的枝干部位遍打深井，疯狂地抽取大树深层的生命汁液，为了争夺资源，不同城市不同部落的裸虫之间还以"民主、博爱、维和、反恐"等种种名义发动了大大小小许多场战争。

后来,生命树终于不可逆转地枯萎了,所有裸虫们都感受到了末日的威胁,那些特别有本事的裸虫精英们一边加强对可怜资源的掠夺和占有,一边派出机器虫去无边无际的荒野寻找另外可供寄生的生命树。然而尽管它们曾经不可一世,它们的伟大也仅仅限于这棵树的范围,在茫茫的荒野中它们实在渺小得可以忽略不计。即使远方果真还有适宜它们生存的生命树,它们想要找到并搬迁过去也只能是一场美梦而已。

最终,很不幸,这棵巨大的生命树枯死了,这一届虫文明也消失了。只是那棵峥嵘的枯树桩不肯倒下,它静默肃穆地站着,无言地述说着一段曾经的辉煌,在漫漫黄沙和落日余晖的映衬下,愈加呈现出一种撼人心魄的凄美和苍凉。然而,没有人欣赏。

很多年过去了,那棵死不甘心的古树桩终于敌不过岁月的磨蚀,化为尘埃,随风而去。

漫漫黄沙。

没有谁会知道这里曾经是生命的乐园,当然,更没有谁会对消失的文明负责。

该负责的已经逝去……

……

虚空中一声沉重的叹息,来自本文的读者——您。

(为湖北西部生态健康基金会而作)

开发商承包奇泉，是开发还是毁灭？

在祥和谷下游十多里的地方有一眼奇泉。奇泉的典故已无从查起。据当地老人讲，从他们记事起就从没听说这泉干过。这奇泉冬暖夏凉，四季恒温，冬天沿流好大范围不结冰，清澈晶莹的水中长满了绿油油的野生水芥末，和周围的冰天雪地形成强烈的对比。这水芥末一年四季可吃，凉拌或做馅都十分可口，由于这种植物很娇，只喜欢清澈无污染的泉水，因此在别处很少见。

祥翁很喜欢这奇泉，前几年他和祥婆常去那里走动，随便采点水芥末回来尝新鲜。那水芥末多极了，祥婆忍不住总想多采一点，祥翁就批评她，尽管是野生的东西我们也该节省着采呀。

有一次,祥翁他们看到有人在泉边建房子,那泉流也被截堵成各种形状,他就感到一种不祥,一打听,人家说有山外来的老板承包了这奇泉。祥翁便感叹如今的开发商真是无孔不入。

祥翁对祥婆说我们再也不要来了吧,这泉有了主了,再也不是大家的了。我们若再来采水芥末人家会觉得别扭。祥婆便拽了几株有根的水芥末带回来种在村头的泉水里,这里的水没有奇泉旺,水芥末虽没绝种却也不可能长很多。

后来祥翁看到沿途石头上写了很多广告,说奇泉那里养虹鳟鱼,搞露天烧烤、篝火晚会,等等。祥翁对祥婆说:奇泉完了。祥婆问,怎么说奇泉完了呢?祥翁说,泉水是一方生灵的福报所感,是有灵性的。因此一般喝泉水都是要双膝跪地的。灵泉有两怕,一怕杀生,二怕污染。如果在灵泉中洗濯动物尸体和女人用品,泉水便会干涸。古人都很懂得这一点,对泉水视若神明,绝不敢随便玷污。可如今的人什么都敢干,灾难呐!

又过了一段时间,有一天祥翁看到几个人开着小车来到村头，在泉水中采祥婆种下的那几撮水芥末。祥翁很奇怪，山外的游客怎么知道这水芥末好吃呢？一打听，人家是从奇泉那里来的。祥翁就觉得奇怪，奇泉有那么大一片水芥末，你们怎么还跑这老远来采这几棵呢？来人说奇泉干了，水芥末也没有了。

祥翁无话可说，只是一声叹息。

名家真迹值得收藏吗？

某甲持一轴字画请祥翁过目，说是直接从某名家手中得到的原作真迹，问祥翁值得收藏否。祥翁说画确是好画，但该不该收藏还要看你的福报和你得到此画的方式。某甲大惑不解。祥翁说，若你福报差，你便受不起它，不会得到任何利益。即使你是富贵之人，得画方式也大有说法。若你德高望重，画家出于恭敬之心献给你，将来价值最高；若你有恩于画家，画家出于礼谢赠你，将来的价值也很可观；若你讨价还价买得此画，只要对方不是个骗子，一般说将来会增值；若你空口索要，画家碍于情面不情愿地送你，你将只是个保管而已，将来不得利益；若你耍奸施计欺骗到手，必大损你的福德，现世若不招恶报，也会伤及后代。某甲说有这么严重吗？祥翁说，因祖传字画古董而招祸的例子还少吗？

怎样才能走在时代前面？

说来阿萍女士算是祥翁半个老乡，大学毕业就在祥翁所在的那个城市搞文化工作多年，她自己讲也算是祥翁的崇拜者。十几年以前，由于艺术上的独创性和经历上的传奇性，祥翁曾一度是新闻人物，尤其在家乡一带，几乎家喻户晓。阿萍由于工作性质的相关性，自然对祥翁了解得比较多，可后来祥翁忽然间从电视广播报纸传媒中消失了，对此人们有种种的臆测。但无论是什么原因，阿萍都感到很惋惜。

阿萍这人事业心很强，如今依然在文化圈做事，已经在某地成为举足轻重的人物。这些年她很累，有道是四十而不惑，然而步入中年的阿萍却产生了很多困惑，身体也开始出现问题。不久前，她看到祥翁新出版的一本书，眼睛一亮，顺着这个线索她又找到了祥翁近年出版的一系列书。在这些书中她感受到一种前所未有的清新和悦意，一种梦寐以求却又勾画不出来的境界。阿萍如获至宝，特意又购买了多套祥翁著作分赠给朋友同享。缘分有时不可思议，一次看似碰巧的机会，有朋友把阿萍带到了祥翁所居的祥和谷。

言谈中，阿萍向祥翁吐露了自己的一些苦恼。她说自己从小立志做一番事业，也很勤奋努力，应该说事业也比较顺利，可如今作为主管一地文化的她，却越来越找不到感觉。在她的领导下，地方的文化活动不可谓不活跃，但她有时却拿不准这些所谓的文化是否真的能对大众有益，是否能真正推动历史向更高级的方向前进。她常常感到很累，却又不敢松懈，生怕自己被无情的现实淘汰，她甚至怀疑自己的思想意识是否已经老化落后了。更可怕的是，自己百般奋斗努力，为事业兢兢业业，如今竟说不清是在立功还是在造罪。

直到不久前，她看了祥翁的几本书，使她感受到一种光亮和启发，她似乎看到了传统文化的再生，看到了现代文化返璞归真的潮头。

说到这里,阿萍问祥翁:"我真纳闷,十多年前,您在我的眼里领导了一次潮流,走在我们大多数人的前面。这许多年来,我们在社会上马不停蹄地奔忙,您却躺在这祥和谷的大青石上晒太阳。如今偶尔动笔,又领导了新潮流,依然在我们前面,这里面有什么诀窍呢?"

祥翁笑了笑,喝了几口茶,这才慢条斯理地说:"咱今天不讨论你事业的功过,也不评论现代所谓文化的是非,更撇开我这点小小把戏不谈,咱只说说怎样才能走在时代前面的所谓领导新潮流问题。"

祥翁又喝了口茶:"中国文化有一个很有趣的现象,一些影响许多代人甚至影响历史进程的文化,大多都是一些被当时的世人讥为消极、落后、虚无、不思进取的人创造的,老子、庄子、孔子、孟子、鬼谷子等诸子百家,还有一些不为世人所记得姓名的高僧高道、仙家、方家、隐士之类。可以说,没有这些'无所事事的闲人',中国便没有多少可称为文化的东西。"

阿萍说:"事实的确如此。"

祥翁说:"这就产生了一个问题,那些叱咤风云的英雄和伟人,以及那些跟着大轰大嗡的芸芸众生都在折腾而已。中外如此，古今如此。天地间一切事物都是轮回、转圈，大到打江山，小到创企业，一切有为法都是如此。打江山者多则几百年少则几年甚至几天便转一个圈回到原地，然后再有人重新开始。做生意办公司，乃至做一切事业都是如此。你看这个世界上目前起火冒烟的地方，哪个不是六十年前被事业家们摆平了的？可见历史没有什么前进不前进之实，只有转圈。我在这里把人类的所谓事业打一个比喻来形容，可能这个比喻不太雅，但比较形象。

"一大群驴子，不大好听，但没法用别的动物代替，好在祥翁也在这群驴子之内，这样听着舒服一些。一大群驴子，它们从出生那一天起就被先出生的同类赋予一种心理指令，要拉动历史的巨轮前进。于是这些驴子便都心甘情愿地把自己拴在一个巨大的'磨'上，终生从事着它们自以为很伟大的拉磨事业。由于磨太大，磨道太长，它们只能看到眼前一小段路，看不到整个磨的全部环境结构。因此它们坚信自己在前进，根本不知道大家都在年复一年甚至千生万世地转圈而已。

"转圈转多了，它们也会看到一些重复出现的事物，例如路边的一块大石头一棵大树等。这时它们中的一些聪明的驴子哲学家就会总结出一条格言,叫作'历史常常惊人地相似',但它们还是不敢想象是否又转回了原地,于是这些驴子便丧失了一次又一次悟道的机会。它们也常常感到疲劳至极,但它们不敢哪怕稍稍走慢几步,因为驴群中有一个说法,谁偷懒,谁就会被历史的潮流所淘汰,从而失去做驴子的资格和尊严。

"其中有一头被称作祥翁的驴子,这头驴子其实不比其他驴子更聪明,当然,也不是更蠢。只是这头驴子胆子大,不肯盲从,不怕被开除驴籍。当它拉磨很累的时候,便不管不顾地把自己从磨绳上解下来,独自离开磨道,找一块大石头坐着喝茶去了。当然这期间也有几个要好的驴子劝它不要这样消极遁世,不要自暴自弃,但当大家看它一意孤行不可理喻时,便也只感叹惋惜一番而已。

"这头消极的驴子过足了茶瘾,身上也歇过劲来了,便闲坐着静静地观察那些拉磨的驴子们一群一群地从眼前艰难而辛苦地走过。看着看着,便看到一批熟悉的面孔经过,起初它很惊奇,就接着观察,过了一会儿,这批熟悉的面孔又出现一次……

"就这样，这些熟悉的驴子很多次从它面前走过，于是这头叫祥翁的驴子忽然觉悟了，它发现这么多奔忙不息滚滚向前的驴子竟然一直在转圈而已。它感到好笑又可怜，想喊它们停步休息，然而没有哪个驴子会停下来听听它这个被历史淘汰的懒驴子的话。于是，这头发现了秘密的驴子便自顾自地睡大觉了。

"然而它坐够了，睡够了，感到闲着也是无聊，想来想去想不出其他什么消遣的办法，它忽然发现这么多驴子拉磨玩是一种很有意思的游戏。于是，这头驴子便等着那些熟悉面孔再次出现的时候，找到它原来扔下的那段绳头，又把自己拴上去，哼哧哼哧地拉起磨来。它身后那些熟悉的驴子无意间抬起疲惫的头，忽然发现这头叫祥翁的驴子又出现在它们前头，于是便大惊小怪，这家伙得了什么仙法，分明早被我们甩下，如今却又走到前面领导新潮流呢？"

听了祥翁这段比喻，阿萍笑得孩子似的："这个比喻尽管有点损，但是太绝妙、太形象了，人世间这点把戏全让你祥翁说明白了。"

"所以嘛,"祥翁往阿萍他们杯子里又添了点茶水,阿萍又赶忙抢过茶壶为祥翁添上,祥翁又接着说,"所谓人间这些什么事业呀、主义呀、成就呀、功德呀之类,你如果把它看重了,能累死你、拖死你,如果你把它看淡了,也很轻松甚至很好玩。想玩时,便拼搏一把,但别太当真,更别嗤笑人家消极落后;玩累了,就坐下来放松放松,但也别自以为看破红尘,别嘲笑人家搞事业赚大钱的人们是瞎折腾,就这么简单。"

"我有点开窍了,"阿萍说,"我原来就是不明白为什么说佛和众生差别只在一个觉和一个迷。"

"是的,"祥翁总结道,"圣人和凡夫没什么差别,只在觉与迷而已,一个了悟生命真相的人即使带兵上阵、经商下海,他也是个出世的人;不识生命真相的人即使抛家舍业、面壁打坐也还是个世间人。当然,此刻我在这里夸夸其谈,其实我自己也说不清自己算个出世的人还是算个世间人。"

你是哪一种富翁？

当你成为一个富翁的时候，你的人气必然很旺，一呼百应，不过这时你很有必要搞清楚，那些簇拥在你身边的人，有多少人是由于你的德业感召，又有多少人是由于利益的感召，如果第一种人多，那老赵便很佩服你，你是一位了不起的人。如果第二种人多，老赵给你提个醒，你将来的结局不会太好。然而可悲的是，许多富翁最终连一个真正的朋友也没有，连自己的妻妾儿女也只关心他的财产。如果是这样，那他身后的去处将很可怕，对此老赵也只有感叹而已。

无论你是哪一种富翁，你都很需要找到一两位宽厚长者，他们能耐心而真诚地倾听你的心声，并对你提出善意的忠告，然而这种人太稀有，他们一般都不会在你的身边，他们即使不在山中、寺中，也不会在与你的事业相关的地方，因为他与你的利益没有关系。

想改变社会？先把自己搞明白吧！

阿冰是个救世意识很强的青年，很有才华却始终不得志。

20世纪末，阿冰第一次到山里来见祥翁。他当时据说和一些担心世界末日的人们搞在一起，忙着研讨、分析国情民意，对时局政体很有一番高论，大有指点江山、激扬文字的气派，言谈之中颇有怀才不遇的不平之气。

祥翁便提醒他，作为一个公民关心国家民族命运是应该的。但中国文人有个美德，达则兼济天下，穷则独善其身，不在其位不谋其政。爱国应该像爱母亲一样，以孝顺心、恭敬心去爱，随便说长道短那就成了惹是生非的多事之人。祥翁还建议阿冰读点佛经,把心收回来,做点反躬内省的自修功夫,在没有搞明白自己以前不要忙于去改变社会。

临行时祥翁还给他写了两句话:

观政如观棋,不语是君子,语多添乱招祸;

爱国如爱母,越位则大逆,莫忘国有其主。

后来听说阿冰的朋友圈中真有几个由于无端生事而招祸上身的,阿冰则由于及时疏离才免去了一些是非。

阿冰第二次进山见祥翁时已是21世纪了,地球没有爆炸。那些持末日论的人们大多都走出了心理的阴影,也有极少数人真的由于多事而迎来了自己的末日。此时的阿冰已经是一位受持五戒的佛弟子了,但眼睛向外的习气依然如故,言谈之中,阿冰流露出了对佛教界现状的严重不满,觉得佛教现代化迫在眉睫,应该尽快采取改革措施,并谈了一些改革佛教的想法。祥翁听了后对阿冰说,我们自己还没有把佛法弄懂,还没有资格谈佛教改革,发大愿弘法护法是对的,但前提是必须先做好自己真实的修证功夫,否则还是属于多事,要知道,好心有时也会办坏事的。

阿冰临行时祥翁又送了他两句话：

不证般若，弘法利生亦是生死之业；

不明心性，谈禅论道无非世法包装。

最近，阿冰第三次进山看望祥翁。他对祥翁说，他又改信基督教了，祥翁说啥时改信基督的，阿冰说不到一年前吧。接着，阿冰就讲他如何发现基督教更能救世，基督教相比于其他宗教来，可以说如同太阳和蜡烛一样。

祥翁笑了。祥翁说，基督教当然很伟大，不过，就你的眼光肯定还能看出一些有待发展改进的地方。祥翁这句话把阿冰的精神调起来了，原来他还真有一套关于基督教现代化和中国化的一些想法，说话间还掏出一篇打印的有关稿子。祥翁说稿子就不必看了，我知道你在说什么，其实当你说你已改信基督时，我就知道基督教又该改革了。这话让阿冰很不好意思。

祥翁对阿冰说，你的善根没说的，是个大乘菩萨的种子，但种子不是大树，种子若不埋到土里老老实实待上一个时期，任凭自己在旷野中飘荡曝晒风化，不仅不能生成大树，甚至连原来那一点点生命灵根都会枯死。当初你如果真把佛理证悟通透了，不仅上帝能弄懂，就连真主、太上老君也都能弄懂，出世间都不在话下。当然，你信基督也很好，但要真信真修，当你有一天把上帝的生处搞清楚了，你的佛法也通了。一定要静下心来参悟。在不谙世事时想改良社会，不明佛心时想改良佛法，不识上帝时又想改良基督教，什么时候才能回头看看这个东跑西颠，执是执非的东西是谁呢？

阿冰临走时，祥翁又为他写了两句话：

人生如梦，自迷自醒，干别人何事？

世事如幻，缘灭缘生，操哪份闲心？

这次阿冰看了很受震动，他说要把这两句话印到脑子里。祥翁笑笑说："你以为你是谁？我这两句话是写给自己看的。从你身上我得到一种启示，我该好好反省一下自己是否说得太多了。"

我不放心的，恰恰是你这份自信

阿俊是个很有事业心的青年，学佛学得很起劲，他曾和祥翁说过他想办一个弘法的佛教网站，希望祥翁帮助他。祥翁说你目前还不行，弘法不是小事，一旦误导了人是要背因果的。阿俊说你放心吧，我有这个自信。祥翁说，我不放心的恰恰是你这份自信。

尽管接触并不多，祥翁对阿俊还是能看到骨头的。阿俊很聪明，但聪明得让人感到不踏实；阿俊很通灵，但通灵得让人感到没有来路；阿俊很爱好神异奇怪之事，这种好奇之心正是学佛修行之大忌；更可怕的是阿俊还很好事，自己盲修瞎练倒也罢了，还想弘什么法，以盲引盲是很麻烦的。

这天阿俊带来一位青年，这里就称阿顺吧，这阿顺一看就是个厚道人，言语不多，很内向，也很虔诚。阿俊说这阿顺刚开始接触佛法，很多道理都还不懂，要祥翁帮忙度化度化他。

祥翁就说："我看人家阿顺蛮好的，是块修行的好材料，我倒是担心你阿俊，什么功什么法学了一大堆，又是感应又是神通的，让我生大恐怖，谁度谁呀？咱们都该向人家阿顺学着点。"

这些话若认真说，阿俊可能受不了，因此祥翁用了半认真半开玩笑的口气。那阿俊也一笑过去了。

阿俊提议要去爬大佛山，体验一下到大佛顶上的感觉。祥翁和他俩一起来到大佛山脚，并指给他俩看从哪里可爬上去。阿俊觉得祥翁指的路太绕弯，坚持要从正面爬上去。祥翁说正面太陡爬不上去的，阿俊不相信，他说他年轻，腿脚利索，今天定能爬上去。祥翁说反正我告诉你了，听不听是你自己的事。阿俊说你放心吧。

那阿顺老实，便规规矩矩按祥翁指点的路爬山，祥翁也不多说什么，就独自先回家了。

傍晚，阿俊和阿顺爬山回来了。祥翁说爬到顶了吗？俩人都笑，说爬上去了一个。

祥翁说："你们不用说我也知道谁爬上去了。"然后很严肃地对阿俊说："你应该记住今天这个小小的教训，不要盲目自信。修行就如同爬山，多听听过来人的话是很有必要的。没听说有句话么：'宁肯千年不悟，不可一日岔路'。爬山走错路可以第二天再爬，而修行一旦走错路，很可能此生再没有回头的机会，人身一失，还不知要等多少亿万世再回来呢！"

此话不知阿俊是否听进去了，可有一个人肯定听进去了，那就是祥翁自己。阿俊他们走后，祥翁就反省：阿俊此次原来就是告诉我这么一个事，盲目自信不可取，我大概也该去参访善知识问问路了。

为何你对他虔诚顶礼,他却对你爱理不理?

有几位居士来看祥翁,言谈中说到悟缘大和尚的超世德行,祥翁赞不绝口。

座中有位大富女信士阿萍对祥翁说,她也曾拜见过悟缘大和尚,但好像缘分不是十分相契。祥翁问怎么回事,阿萍说那次她去见和尚,像以往参拜其他寺院一样,也带了丰厚的供养,也很虔诚地顶礼,可和尚好像很冷淡,只是稍稍抬抬眼皮而已。祥翁说,和尚就是这样子,你还要和尚如何?阿萍说可据我观察和尚对其他一般参拜者都是很热情很慈悲的呀,我到其他寺院也没有遭到这种冷遇。

祥翁笑了,他对阿萍说,你正好理解反了。你把客气当成慈悲了,一个明师只有对浅根初机弟子才会说些功德无量之类的客气话,以护持他们那一点微薄的善念。而对于真正有殊胜法缘、信念坚固的上根弟子,根本没有那么多客套,反而可能棒喝斥责,这才是对弟子的真正爱护和加持。悟缘大和尚对你冷淡,是由于你被别人宠坏了,产生了功德心和贡高之心。

阿萍听了这话刚想解释。祥翁一摆手,"你不用解释,你以为自己的供养和顶礼是至诚的,可那种潜意识中的优越感、贡高心、功德心,你自己却感觉不到,这些都会大大折损你的福报。大和尚是何等境界,你那里轻微的起心动念他都一清二楚,他用冷淡来对治消磨你的分别习气,你应该加倍感谢才是。大修行人的用心不是你我凡夫可以揣度的。我给你们讲个故事吧,这个故事还是我去年到高旻寺参加冬季禅七听到的。"

于是,祥翁讲了下面的故事:

江苏镇江有座金山寺,在历史上就很有名,至今也是我国佛教的重要道场。明朝时,镇江当地有几个财主发愿修建金山寺,是新建还是重修我没有考证。大概是古寺重修，不去计较，我只是说事，借事说理。首倡建寺的是当地的首富，为叙述方便这里称他是阿舍吧。阿舍发心很诚，可工程开始不久，那些同发心的财主竟然生了退心，他们没有兑现捐资的承诺。但阿舍的发心很坚固，别人都撤了他就一肩扛，几年下来把自己的所有财产都捐进去了，可寺里的住持老和尚还说不大够，阿舍便连身上的衣服都脱下来换钱捐了。

他彻底成了一个穷光蛋，穿着破衣烂衫在街头上当起了乞丐。有人向住持老和尚说阿舍如今多么可怜，可老和尚说不要管他。人们都不理解老和尚何以如此无情，但老和尚乃一代大德，在僧众中乃至当地信众心目中享有崇高威望。因此很少有人敢表示什么不满，可免不了也有人心里犯嘀咕：老和尚的心怎么就这样硬呢？阿舍这样一个发如此大心行此大善的大施主怎么会落得这么一个悲惨下场呢？

这还不算完。后来阿舍死了，人们都知道阿舍为修金山寺做了大功德，于是就把阿舍的尸体送到寺里，请寺里僧众为他做超度。寺里的师父们也都觉得应该给阿舍办一次隆重的法会。可事情汇报到住持老和尚那里，老和尚的决定却让所有人都感到震惊。老和尚找来几个僧人，要他们把阿舍用一条大粗绳子拴在马屁股后，然后赶着马在广场上跑。还特别强调，什么时候绳子拖断了什么时候才能把阿舍放下来安置。师父们都大惑不解，觉得老和尚的决定也太残酷了。但是没办法，住持老和尚在寺里的地位和皇帝一样，说一不二，他的决定，一般僧人起个疑惑都属大忌，哪有敢不执行的呢？

于是，师父们便按照老和尚指示的方法把阿舍的尸体拴在马后边拖着跑，直拖得肉脱白骨露，可那绳子太粗壮了，照此拖下去，把尸骨全拖零碎了绳子也断不了。几个师父实在不忍心这样拖下去了，就大着胆子想了个招，他们用石头把绳子捣烂弄断，拿着这块破绳子头去向老和尚交差。老和尚看了看绳子茬口，摇了摇头，长叹一声说："阿舍呀！阿舍呀！你的福报不够哇！我能帮你的只有这些啦！"

你们猜这阿舍是谁？你们猜不着的，这个阿舍就是明朝末代崇祯皇帝的前身。这崇祯皇帝没有做到底，在景山树上吊死了，如果当初那绳子拖断了，崇祯就不是吊死的命了。

祥翁对阿萍他们几位居士讲了以上故事。接着，他又强调说："因此说，我们是不可用凡夫心来揣度圣僧大德的用心的，和尚的慈悲没有一定的表现形式。"

阿萍受到很大震动。她检讨说，她自己的确常犯用表面现象分别揣度出家师父们用心的错误，而且潜意识中的确觉得自己行的功德大，做的善事多，有一种优越感和贡高我慢之心，好像出家人应该对自己这样的大施主热情一些才是。她表示还要去见悟缘大和尚，并当面忏悔自己的过失。

其实祥翁在对阿萍他们说话的同时也在观照检点自己，他觉得人家来客总把自己当老师恭敬，自己受得起这种尊敬吗？会不会也有贡高我慢的优越感而不自察呢？

阿萍他们走后，祥翁便在佛前焚香顶礼，他不敢让我慢贡高的种子发芽。

天底下没有白丢的东西

阿宝说他刚信佛就遇上了个假和尚。

事情是这样的,有一天,阿宝他们村里来了两个人,一个和尚模样,穿僧衣;另一个是在家人装束。那个和尚模样的人不大说话,而那个在家人一个劲儿地张罗,说那"和尚"是他师父,会发气功治病,功夫好生了得。他们这次从某名山下来,是为了化缘建寺。为了显示功夫,还特意让一个愿意接受试验的村民撸开裤脚,那"和尚"用手在那村民腿上轻轻一捂,不一会儿,那腿就起了一个大泡,没见过世面的村民由此觉得那"和尚"真是有功夫的高人,便纷纷拿钱让"和尚"给他们看病治病。

"和尚"说有些人的病光用气功不行,还要配合药物,并表示可以为大家代购药品。由于阿宝已皈信三宝,于是对那"和尚"便特别恭敬,他相信出家人不打诳语,便积极帮忙张罗,他自己不看病却专门供养了五百元,还替一个半信半疑的本家婶子交了七百元药钱。那二人收了大家一大笔药钱,说第二天来送药,可他俩一去便没了踪影,村里人才知上了假和尚的当。

幸好阿宝在村里人缘好,自己又损失最大,便没有人埋怨他。可阿宝心里放不下,他对祥翁说,自己好心做了大坏事。

祥翁问阿宝说:"你真是好心吗?"

阿宝说:"老天在上,我可真是一片诚心呀,可怎么就遇上这么个假和尚呢,他想什么招儿蒙钱都行,怎么偏偏假扮和尚呢?再以后,谁还敢供养出家人呢?"

祥翁说:"如今什么没有假的?出现几个假和尚有什么稀奇?可只要你这供养三宝的心是真的就不是坏事,而且有功德。"

阿宝不解:"供养假和尚有什么功德?"

祥翁说:"你看我这佛堂的佛像是画的吧?"

"是画的。"

"既然是画的就肯定不是真佛对吧?"

"对啊。"

"那么你说拜这佛灵不灵?"

"只要心是真的,诚心诚意拜佛像就灵。"阿宝说得很肯定。

"你说到点子上了,心真就灵。真心就是佛心呀,拜佛念佛供养三宝都是为了成就这颗心呀,即心即佛,是心作佛。"

"可这佛像和这假和尚不一样。"

"有什么不一样,你当时供养时,没有想到他是假的,而且你是由于他显了僧相而供养的。你当时没有什么希求心和分别心,这就是真心,和佛心相应。这就是俗话'好心有好报'的意思。因此,你还是积了功德,没有受骗上当。"

"可那假和尚并不会把这些钱送去修庙呀。"

"你放心,你供养出家人的钱属于三宝物,三宝物俗人是收不起的。何况用欺骗手段所得,假冒僧人,骗取信众钱财,动摇坏乱人们对三宝的信心,这是地狱之罪。至于那钱迟早要由这假和尚加倍偿还的,最终还会用到建寺上，因果不虚。"

"那么其他那些治病被骗钱的人呢？那些人不是白白丢了钱吗？"

"你没听说有句话叫"吃亏是福"吗？这天底下没有白丢的东西，也没有白得的东西。丢掉的都是业障孽债和罪过而已，感谢他还来不及呢！他下地狱为什么？还是替你们这些受骗的人受苦消业障呀！"

"这么说供养假和尚和供养真和尚没什么分别了？"

"只要你心无分别，一切便没有分别，真和尚能在前边拉你到极乐世界，假和尚则把本来属于你的那间地狱号房占了，使你没有地狱可下，只好往上走。都好。"

阿宝笑了。接着又说："这下那假和尚惨了，可是我还是不忍心。"

"你真是颗菩萨心，"祥翁也笑笑，"你如果不过意，就替那假和尚多念几句佛吧。"

有缘之龟,我们来日再会[1]

去年冬天,第二次来访山里的陆燕小姐给我带来一只龟。

我本不爱好养宠物,可这只龟的到来还是令我由衷地高兴,因为我在这前一天刚刚画了一个老先生身边跟着一只龟。我这么一说,陆燕和介绍她来的曾凡彬居士都感到这只龟因缘殊胜。当时这张画还正挂在墙上,并分明写着前日的日期——"辛巳小雪"。

陆燕说她看这只龟的品相特别好,是个动物仙,因此买下来送到山里来。我仔细地端详这只龟,大倒说不上大,但很灵秀的样子,龟壳金黄中又透着绿意,头和颈有几条黄绿相间的线条,分明、清爽、悦目。尤其引人注目的是四肢指爪出奇地长，而且晶莹剔透，没有一丝瑕疵，很有点超然出尘的气象。记得有一次看电视"东芝动物乐园"得知，海龟在大海中是靠北极星来确定方向的，这曾使我大为惊讶，这种非人的动物竟然会观天象，可见它们的灵性在某些方面不亚于人类，只是尚未得人身而已。若它们得了人身，想必先天会带有几分道行。

不管怎么说，既然这只龟与我有此善缘，我就该给它一个最好的归宿。我的画室也是佛堂，我把龟放在佛像前的拜垫上，为它做三皈依，并对它说："今天起你就在这佛堂中和我一起闻经念佛吧！"

于是这只龟就在这个佛堂安居了。

它很安静。我给它找个位置朝着西方佛像放好，它就一动不动地待着，偶尔有人逗它玩一会儿，放下后它会再找一个不显眼的角落朝西待着。只有一点让我们感到不过意，就是它来我家后从来不吃东西，妻子和儿子用种种办法喂它，它都不肯吃，有人说龟在冬天要辟谷休食，我想想也是，龟的确是可以长期不吃不喝的。尽管如此，我们还是经常给它备水和食物，它吃不吃是它自己的事。

我的佛堂不大,但很庄严。这是由于我有一批比我还虔诚的朋友。西墙正中挂着六尺整张彩绘佛像,那还是画家郝闻和杨晶夫妇在敦煌花了大量精力临摹的,保存了十多年,前年秋天他们刚认识我,听说我要布置佛堂,就毫不犹豫地捐赠给我了。当时正在百合村小住的甘肃教师王秀臣女士立刻进城买来黄绒布精心制作了帐幔。我儿子还从深圳买回了仿真电蜡烛。山外朋友们经常带来经书、香烛、鲜花和瓜果等,村里的乡亲也时常送来板栗、核桃、山枣和盆花。念佛机佛号不断,我差不多每天要诵经,即使有客人来时也无非讨论佛法,交流修学体会。这只龟就在这样一种环境中与我朝夕相处。

2002年是马年,由于殊胜的因缘,顿弘尼师来我家过年,见我写的春联有"马到成功"一词,很欢喜,说她正好是属马的。我知道她在为我一家人祝福。顿弘师俗名李坤,出家前和我们是常来往的朋友。年初一,趁有出家人在场,我又把那龟端到佛前再次进行三皈依,顿弘师念佛作证加持。

年初三大清早,妻子起床后对我说,她刚做了一个很清楚又很奇怪的梦:为人接生,却是在一个清澈的水池里抱出一个大胖娃娃。我说那只是梦而已,不必在意。

上午,我心血来潮,又把那龟端到佛前,第三次为它做三皈依,为它念佛回向。妻子忽然觉得那龟有点异样,说可能它已经往生了。我不相信,怎么会说走就走了呢?我把龟端起来仔细观察,它果然纹丝不动,逗它也没有任何反应,龟壳也有一点儿变色,且没有了原来的晶莹感。

当我确信此龟真的往生了后,一家三口都有些惋惜。我想起妻子早晨说的怪梦,忽然明白了,我高兴地说,此龟已转了人身。妻问何以见得,我说你梦中接生,却是从水池中抱出娃娃,这不是很清楚吗?妻子也恍然大悟,连说不可思议,只是觉得这龟走得太匆忙,太突然。

我不这么认为,这龟即使再活千年,也只是畜生而已。佛说人身难得,佛法难遇。仔细想想这龟的福报太大了。世上动物千百万亿,有几个动物有机会住进一个经咒朗朗佛号声声的居士佛堂中呢?即使有机会进佛堂,又有几个动物有幸在佛法僧三宝俱足的机会皈依三宝呢？即使有此福报，又有几个动物有能力在皈依之际正念分明及时往生投胎做人呢？假如不是在这个时间往生，而又经过很多年后，谁又能保证它永远不再遇到恶缘邪缘而忘失了正念呢？

后来有一次，我们看一张关于放生仪轨的片子，那片子也说在经过三皈依，诵经念佛之际马上往生的动物福报最大，从而印证了我的看法。

从动物转人身之难，使我更意识到人类往生佛土之难，智慧、福报、机缘缺一不可。我甚至想，这只龟很可能是某菩萨显化来度我全家，促使我们加紧修行念佛的。

我把那龟的遗蜕很郑重地放进一个干净的小坛子中，用香灰覆盖，仍放在佛堂中为它念佛回向，一直过了四十九天之后才搬到室外安置。

我甚至敢断定，在今后的某个时间，会有个通灵而有智慧的属马的孩子来见我，然后开始他的修行生涯。甚至他可能有机会看到他自己的前身，当然不一定能想象得到他们之间的关系。

修行在心，得度在缘。

春风吹拂吉祥草,笑脸开出吉祥花

数年前,石红心居士进山看我,我和他聊起了正酝酿着的一个"吉祥使者"文化传播理念,她很振奋,打算办一个禅艺素食馆,做"吉祥使者"的实践者,并让我给她想象中的素食馆起个名字。我说:"素食即草食,草似弱小,但生命力极强,是地球生态的保护者,就叫吉祥草吧。"

二〇〇三年冬,我正在扬州高旻寺参加禅七,红心夫妇知我无积财习惯,怕我没有回京路费,专程从湖南长沙赶来送我一笔路费。此间又说到吉祥草,当时陪同我们的知客义弘法师说,高旻寺就有吉祥草,在德林大和尚的丈室前。我们当时都很惊讶,哇!原来还真有一种叫吉祥草的植物呀？义弘法师说，这里说法大了，当年释迦牟尼佛成道，座下垫的就是吉祥草。

吉祥草竟然还有如此不凡的身世，于是我又留心查了一下有关资料，发现吉祥草还有许多好听的名字，如观音草、瑞草、解辇草、广东万年青、松寿兰、紫袍玉带草、九节莲、小九龙盘等(见《中药大词典》《辞海》等)。

吉祥草属百合科，可巧我的名字文竹，也属百合科，更巧的是我住的这个山村就叫百合村，好像冥冥中真有一种缘分在。中医书上讲，吉祥草有清肺、理血、解毒、补肾等功效，也和素食文化的宗旨暗合。

后来，红心夫妇真的在上海办起了禅艺素食馆，由于人生地不熟，行业领域也不熟，其中甘苦可想而知，但是他们凭着一颗无瑕的红心和至诚的愿力，竟然一步一步地走过来了。吉祥草，生命力真的非同一般。

最近得知红心夫妇一连串的喜讯，其中一项就是吉祥草素食馆乔迁新址，扩大规模进入良性发展期，并有新的创意和打算。在我写这段文字时，正赶上党的"十七大"胜利开幕，中央已经把和谐社会的理念提升到了新的高度，"生态文明""人文关怀""心理疏导"这些字眼被广泛提起,而这些正是"吉祥使者"的文化主题。

　　躬逢盛世,吉祥使者乘上了吉祥的专列,吉祥草幸遇了吉祥的春风,让我们拥抱吉祥的春风吧,吉祥的微笑会使我们每一张脸都变成吉祥的花。

(为上海吉祥草素食馆而作)

只要功夫深，心愿能成真

阿善是一个山区农民，人很温和厚道，以养羊为生。有一次，他看到一本小册子《百劫尘缘》，读来很亲切，心也就豁亮多了。当他得知书作者祥翁就住在离他村不远的祥和谷时，高兴极了，他觉得这是一种缘分，就特意到祥和谷拜见祥翁，还特意给祥翁送了一大块上好羊腿肉作为见面礼。祥翁说你的好心我领了，我们家不吃肉，就当着阿善的面把肉送给了一个邻居。

祥翁给阿善讲了一些人生的浅显道理，阿善听了很受用。祥翁又根据阿善的特点送了他几本关于因果劝善方面的普及性佛教读物，对阿善帮助很大。此后阿善每次来见祥翁，都要汇报一些自己迁善改过的心得。当然,他再也不会给祥翁送肉了,他自己也逐步断了酒肉。他已经从书上看到了酒肉的害处,但他对那次祥翁把羊肉送给邻居还是不解。祥翁知道了他的疑问,便对他讲:"我自己不吃肉,如果当时把肉退还给你,就会使你不安,也辜负了你一片心意。可又不能浪费了这块肉,要成就羊的功德,只好送给需要肉的人。"

"那不是把害处送给了别人了吗?"阿善还是不解。

祥翁说:"有些道理你一下还很难弄懂,关键是如何用心。那个邻居很爱吃肉又吃不起,我送他肉时,既使他欢喜的同时又使他知道吃肉不好。如果我们现在让他断除酒肉是不可能的,而且会使他反感,就像如今你靠养羊活命,我不让你养羊你干吗?"说着意味深长地看了阿善一眼。

阿善点头称是,但他还是没有领会祥翁的深层意思。

不久前,阿善又来看祥翁,祥翁问他今年怎么样,阿善说不怎么样。祥翁问怎么回事,阿善说:"别提了。今年真背兴,夏天上山放羊,赶上了个大雷雨天,我慌忙间把羊群赶在一棵大核桃树下避雨,当头一个大炸雷,我和我老婆都震昏了,待我们醒来一看,羊被击死了二十多只。"

"是吗？"祥翁也吃了一惊。

"我就弄不懂了，"阿善一脸的困惑，"过去我逮蛇网鸟，杀生吃肉，也不懂得积德行善，倒没有摊上什么大灾难，怎么如今吃斋念佛，学着积德行善了，反倒遭到雷劈的恶报呢？"

祥翁稍沉吟了片刻，对阿善说："这哪里是恶报？这是善报呀，这就是行善积德、吃斋念佛的善报呀！"

阿善越发不解："没听说挨雷劈算是善报的。"

"你听我解释，"祥翁说，"如果你两口子让雷给劈死了，那大概是恶报，但你们没有被劈死，而是被劈活了，可能是大活呢。"

"这从何说起呢？"

"你没听说有句话叫'大难不死，必有后福'吗？如果你没有吃斋念佛，行善积德，这次大概也该死了，如果按这种死法，一般来说是下地狱了，混得好点也是投生到羊群中做羊。可你们竟奇迹般地生还，人经这一大死关，必痛感人生无常，从而精进修行念佛。这样一来，你们将来往生西方极乐世界的希望就很大了。"

"可我那么多羊都被击死了，经济上受这么大的损失算怎么回事？"

"这是你命运转变的关头，我想你该改行了，养羊的活计不要干了，如果你一生以养羊卖羊为生，想念佛成就是极其困难的。即使行很多的善也难免投生羊胎。"

"过去只听您说杀生吃肉不好，没听说养羊也不好呀。"

"过去是过去，现在是现在，话说到什么分寸，理讲到什么层次，是要看机缘的。前几年我们相交尚浅，你的因缘不到，能说服你不杀生、少吃肉已经不错了。如果当时告诉你养羊也不好，你就会反感、恐惧，只能使你远远地躲开我，你的命运也就没机会转变了。"

"那请您祥翁给我讲讲养羊有什么不好，这里头肯定有个道理。"

"你和我善缘很深，这几年我一直观察着你，今天总算机缘成熟，该你得度了。"祥翁见阿善很虔诚，觉得今天的机缘成熟，若不再为他说破道理便对不起阿善一片真心。

于是,祥翁开讲了:

"要说清楚这其中的道理,我得先告诉你羊是怎么变成人的。你的羊群中肯定有个头羊是吧?"

"是的,哪个羊群都自然有个头羊。"

"头羊和一般羊有没有什么区别?你这个牧羊人观察到了没有?"

阿善想了一下:"是有点区别,头羊一般都长得特别大而健壮,其他羊都爱顺从它,跟着它跑。"

"还有个重大区别你没有注意到,那些普通羊只知道跟头羊跑,而头羊却总跟着你跑,对吧?"

"是这样。"

"这就是了,那些普通羊眼里只有羊,因此它们死后还是投胎做羊。而那只头羊整天跟着你转,它眼里已经有人了,它的心里和人的关系更亲切,于是它整天观察人、模仿人、亲近人、讨好人,这就叫念人,就像我们人念佛一样,某一世它的功夫纯熟了,因缘到了,它死后就会投生做人。它身后那个跟它最紧的就成了下一代的头羊,后面的以此类推。"

"如此说来,头羊尚且需要很多世才有可能转生做人，那世上成千上万的普通羊，多少生多少世才能挨上做头羊再做人呢？"

"因此，尽管我们做人很艰难，可是三恶道众生要得人身也是极其不容易，不是千年万年，千世万世，而是千劫万劫。什么叫劫你懂吗？你不懂，以你目前的心量和想象力还很难体会，不过这样一说你就知道动物转人身是多么不容易了。"

"听您祥翁这么一讲，我就理解了佛书上讲的人身难得是怎么回事了。"阿善不无感慨。

"这才讲了一半道理，我来考考你，你能想象出一只羊转生做人后能做什么工作吗？"

阿善挠挠耳根："这怎么能想得出来呢？"

"那我再给你讲，这羊转生做人以后，不可能当官，当官的人前世要对很多人有恩德才行；不可能当老板，当大老板发财的人前世必须有很大的施舍救济人的功德；做学问也不行，有学问懂科学的人前生必须是读经学法积累了很多智慧的人；即使种地他的收成也不会太好，因为前生他没有这方面的积累，他前生做羊的时候只会把人家的秧苗啃掉。"

"照您这么说,这羊变人以后什么也干不了了?"

"你放心,只要投生做了人,多少都会有一点人的福报的,总有一件事情他干着比较顺手。"

"那他到底能干什么?"

"养羊放羊呀!这人千生万世做过羊,被人杀了卖钱,他做人时候养羊放羊卖羊是肯定能活的,这是他拿千万条命换来的福呀!"

"说了半天,照你看我们养羊的人都是羊转生的啦?"阿善觉得老大不舒服。可悄悄掂量一下他自己,还真说不出不对来,他小时学习就不好,长大后根本不敢想招工当兵提干当官这些好事,自己种地也不是把好手,人家都做买卖挣钱,自己也没有门路。没有办法,转来转去还就是这些年养羊挣了点钱,可是供养两个女儿上学还是紧紧巴巴的。

祥翁看着阿善那沉思的样子:"你听了觉得不舒服是吧?其实这没什么,我们每个人都是在六道中打转,什么羊驴猪狗、狼虫虎豹、牛鬼蛇神都做过。翻来覆去,高高低低,只要没有成佛,都没有什么区别的。"

"您说这变成人的羊曾被卖被杀千生万世,可那些卖它杀它的人都到哪里去了呢？"

"他们又堕落转生到羊群里去了呀！"

"这能说得通吗？"

"你听我慢慢跟你说，听完了你就明白了。"祥翁不厌其烦地说，"这羊变了人又靠养羊卖羊为生，他养这群羊中的羊，便是他做头羊时排在他后边的那只羊，再后边的以此类推，就是说，他的那批羊兄羊弟都在他的手中养着，你说他这算干了什么营生呢？说穿了，是靠出卖朋友为生。当然，这些羊时的朋友之所以能被牧羊人卖了换钱，就是因为它们做人时也曾卖过这只羊。你看我，说着说着自己都乱了，搞不清该称哪个是人，哪个是羊。事实也就是这么回事，人而羊，羊而人，你卖我，我卖你，角色在不断地转换而已，你能听明白吧？"

阿善的脑子也羊啊人啊的被转晕了，但他还是能听出其中的关系，他点点头。

祥翁又接着说："那么这养羊卖羊的人为什么会再变回羊呢，就是由于他日夜算计羊，惦记羊，挂念羊，这些羊就是他的命根。就是睡觉做梦，也大多是关于羊的。这样的人一旦死了，他会到哪里去呢，只能去做羊了,羊对他的诱惑最大嘛!你想想看,假如你和你爱人今夏在那场雷击中死去,除了做羊你还能做什么呢?"

阿善静下来一想,还真是的,自己平时心里只有羊了,不过他还心存侥幸,不敢直面这个会做羊的事实,他说:"可是祥翁,我们两口子也听了您的教导常常念佛呀!难道就不可能往生西方极乐世界吗?你不是说念佛很灵,万人修万人去吗?"

祥翁笑了:"我是说过万人修万人去的话,那是没错的,但你要真念,你知道什么叫真念吗?真念就是念念不忘,别的什么都不在乎,就像你平时惦念你的羊群一样,凭良心说,你能做到这一点吗?"

"那我们做不到,我们毕竟得靠养羊活着。"阿善很老实,他说实话。

"正因如此,我才说你该改行了,不能再靠卖羊过日子了。这些羊的牵引力对你来说远远比佛的摄受力大,这就是业力。"

"可我不养羊,还能有什么挣钱的法呢?"

"至诚的愿力是可以抵消和战胜业力的,只要你真正发愿修行念佛，断除不善业，总会有办法活命的。何况你夫妻二人是本该死去做羊而捡回一条命的人，这捡回的人身是白赚的，如果再把这段宝贵人身用来行不善业再去做羊真是太不值了，哪怕挨饿受冻也该放下一切抓紧念佛呀。况且，你们还不至于挨饿受冻。你读书光注意到了人身难得，难道没有注意到还有半句叫作"佛法难闻"吗？人身难得你今已得，差点丢了又捡回来了，佛法难闻你也闻了，你这是大福呀！能有机会听闻佛法，学佛念佛，出离六道轮回，这个福比当大富翁甚至比当国王的福都大呀！"

祥翁的这些话对阿善触动很大，毕竟阿善是个很有善根的人，他说："祥翁，这羊我是下决心不养了。其实只要知足，现在的人都饿不死，随便找点活干就饿不死。我听你的，今后就把念佛学佛当头等大事了，您说我们一心念佛就一定能往生极乐世界吗？"

祥翁见阿善下了决心，就鼓励他："只要有决心，能坚持不懈，以死为期，念念不忘，就一定能成。我不是和你讲了羊变人的道理吗？那羊眼里没有羊，只有人，它就转生做了人，人念佛的道理也是一样，念佛的人就是要不管一切人事羊事，只管佛事，保准能成佛。这就是说，除了基本生活外，其他的张长李短是是非非一概放下，只把念佛的心提起来不要放下，一个人临终时就是朝这个放不下的地方去的。"

"这回我算是明白了念佛的道理了。可我毕竟卖了那么多羊，也杀了不少小动物，这个账怎么还呢？"阿善还是有点放不下的东西。

祥翁安慰他："过去的已经都过去了，人生本来就是一场梦，再说，念佛是可以带业往生的。咱们普通人想把生生世世的业债还清是不现实的，因此，要念佛，靠佛力和自力相应而往生。如果你再不过意，就发愿为一切冤家债主念佛，并发愿到西方极乐世界见佛后再回到我们这个世界救度众生，那样力量就更大了，一切冤家债主都会欢喜拥护你的。当然，还有一条，最好你得正式地皈依三宝做佛的弟子，这样可以更好地得到三宝加持。"

"怎么皈依呢？我就在您这里皈依三宝，拜您做师父吧？"阿善很信服祥翁。

"那不行，我是在家人，不能代表三宝。正式皈依三宝必须具有资格的出家师父为你主持见证。我知道北京法源寺每个月的最后一个星期六都有皈依法会，去的人很多，你可以去那里皈依。"

"那太好了，我们全家都去皈依。"

阿善走后，祥翁捋着自己那把长胡须，看着他这间佛堂兼画室的草香庐，越想越有意思。他想自己过去世一定做过羊，而且和阿善曾在一个羊群，后来做头羊的时候，大概阿善曾在他身后跟随过，再后来祥翁也像阿善一样做过放羊的羊倌，靠出卖朋友为生，再经佛菩萨度化学佛。当然，这可能是千百世以前的事情了。想想这无量无边的众生都曾是自己的同类、朋友，都曾互为父母兄弟，而这些父母兄弟都还头出头没地在生死海中挣扎，自己虽为菩萨戒弟子，却还是一介凡夫，没有释迦牟尼佛、阿弥陀佛和观音菩萨那样的大雄大力，救度众生于苦难之中，祥翁就不由得难过和惭愧，他不得不发大愿心，更不敢放逸懈怠。

最近，祥翁又得到阿善的消息，他们一家四口都皈依了三宝，念佛很精进。阿善把羊都卖光了，上山刨药材，没想到还卖了好价钱，比养羊的收入并不少。祥翁由衷为阿善高兴，心里说，亏阿善想得出刨药材的高招，前世当过羊，当然对草类了如指掌了。

疯子的标志是不知道自己是疯子

村里的阿江老头到祥翁家里聊天,谈到自己的身世,他告诉祥翁,他的父亲当年死在日本鬼子手里,死得惨极了。祥翁问怎么回事,阿江老头踌躇了半天才说,日本鬼子把他父亲夹在桌子中间只露出个脑袋,然后刮去头发,敲开脑壳把脑浆掏出来生吃了,就像广东人吃猴脑子一样。

阿江老头说得很艰难,祥翁更是听得头皮发麻。阿江说,那些日本鬼子真残忍,一个大活人的脑浆他们怎么咽得到肚子里去呢?这不是疯子是什么?

祥翁说:"这些吃人脑子的同类是不会这样想的,这是一种疯狂症,疯子的一个重要标志就是不知道自己是疯子。我们那些生吃猴脑子、生吃鱼片，酒泡醉虾醉蟹的同胞不是和这差不多吗？有几个人能意识到这是一种病态、一种疯狂呢？若干世以后，他们或以人身或变动物身被那些曾被他们生食的人生吞活剥又有什么稀奇呢？"

阿江说："还真是这样，这些人如果能这么想，他们就不敢也不忍心这么吃了。"

祥翁说："可怜的是他们身在这种环境中不会这么想，当很多人都疯狂时就不知道有疯狂这回事了。"

阿江说："那倒是，如果大家都这样而有一两个人不这样便会被看成不正常。"

祥翁说："其实我们绝大多数人也常常处于疯狂之中而不知，不说别人，就说我自己吧，最近这些年吃素食，越来越觉得淡滋味清爽，最怕到别人家做客，偶尔走进酒肉之所便感到秽气冲天，恶心欲呕。而我过去吃肉也是很凶的，各种动物肉都吃着很香，如今回过头来就很难想象，当年是以怎样的勇气用两根筷子夹起那些可怜的动物尸体送进自己的嘴里去的。"

阿江听了祥翁这段话，很惊讶："照您说人不该吃肉吗？"阿江还没有吃素这个概念。这里的老百姓都吃肉，当然这些年由于祥翁的原因，有的农民已经开始不杀生了，但在吃肉问题上只是有所减少而已。明白吃肉的害处是一回事，但对一般人来讲，习气的断除需要一个相当长的过程，即使像祥翁这样的善士也是经历了几次反复的。

祥翁接上了阿江的话说："人该不该吃肉现在还不大好和你说，毕竟人类大都有食肉的习惯，有些事情你现在还很难体会，如果你坚持三年不吃肉，你就知道其中的滋味了，那时你再回头看吃肉的人会觉得很野蛮也很可怜。如果你真正戒杀放生不吃肉，还清楚了宿世的命债，不仅不可能被人敲脑吸汁，刀兵劫难都会绕你而过，如果全世界人民都能戒杀、素食、善待一切动物，世界上就不会有战争和凶杀了，人民就会平安长寿。"

阿江说："你说的道理有些我还弄不懂，可我们村的人都说你是好人，听你的话一般都错不了，我以后也尽量少吃肉，杀生害命的事是坚决不干了。"

祥翁说："有些理要慢慢去体会，咱们都一把年纪了，做人一世不容易，要做个明白人更不容易，我也是在外头瞎混瞎闯了几十年，糊涂事做了不少，大半辈子才躲到咱这个山沟里，就是想静下来想想人是怎么一回事。"

拨开现实的迷雾，找到生命的出路

那时祥子刚到柏林寺求受了菩萨戒。

祥子问祥翁："爸爸，您说在家行菩萨道和出家行菩萨道有什么不同呢？"

祥翁说："在家行菩萨道就像一个人跳在水里救人，他随时有被淹死的危险；出家行菩萨道就像一个人驾一只船打捞落水者，不但能救别人，自己也比较有安全保障。"

祥子问："且不说行菩萨道，在家人修行和出家人修行有什么不同呢？"

祥翁说："在家人修行就像一个人在荒野中摸索去某地；出家人修行就像一个人在高速公路上乘车

到某地。"

祥子问:"那么为什么那么多人在家而不出家呢?"

祥翁说:"各人因缘不同,福报资粮也不同。"

祥子问:"那你为什么不选择出家呢?"

祥翁说:"我没有你幸运,刚懂事就遇到佛法,就看到高速公路上的直达车。我们小时候只听说佛法是迷信,找不到高速公路,更遇不上班车。我们都迷失在荆棘丛生、陷阱遍布的荒山野岭中,挣扎跋涉兜圈子,每一步不慎都会陷入万劫不复之地。我是不幸人群中的幸运儿,四十岁摸出了这道山口,看到了高速公路和班车,就是说遇到了佛法,找到了生命的出路。我多想搭上快车早到目的地呢?可当我回头,看到无数的人还在荒野中乱钻,随时会跌进陷阱深谷,而我是为数不多的侥幸过来人中的一个,知道如何避开那些凶险之地,能够救人而不伸手,心里便会不安。没有别的选择,只能守住这个山口,大声呼喊着提醒人们注意脚下,再把走出山口的人送上三乘班车。因缘如此,这大概也是一种使命吧!"

祥子陷入沉思。其实他常常沉思。

后来祥子出家了，祥翁并不意外，他知道祥子早有预谋，不是头脑发热的决定。

活到鲐背之年，无憾亦无悔

吴一真先生自己曾说，他可能是专为一个美字来到这个世界的，要不他此生对什么都不上心，只是酷爱书画。人们都说他不知哪世修来的福，家境丰足。老伴不算漂亮，但忒贤惠，二人相敬如宾，一辈子都没红过脸，没有那种死去活来的爱，也绝对不是不爱，而是那种简化了的、去掉了心字的无心真爱。他们只有一个儿子，不仅聪慧有出息，还是个难得的孝子。

吴一真从小心善，脾气极好，在人们的印象中，他从来就没得罪过什么人，甚至一个小动物，他也从来不忍心伤害。他学问好，在方圆数十里是有名的，偶尔画几笔画，一般是山水或是梅兰竹菊什么的，逸笔草草，不求形似。他最喜欢的还是书法，喜欢到废寝忘食的程度。十几岁就遍临了欧柳颜赵诸体，后来又好上了张瑞图，直写得假能乱真，到二十几岁时在县里就很有一点名气。

再后来，听一位书法家讲，要做一个真正的书法家就要变体，要创立自己的风格。怎样才能形成自己的风格呢？他琢磨开了，他在县工会负责文化工作，有这个条件。于是，他很注意古今书家的不同风格，从布局章法到用笔规律，甚至连书法大师们用的什么笔、什么纸、什么墨都研究到了。功夫不负有心人，他还真创立了自己的风格，他曾在北京和西安等地搞过个人书展，颇得好评，到五十几岁已经享誉中外了。专家们评论他的书法造型奇崛、笔力沉雄、自成一家风范，被称为"一真体"。

然而，到六十岁后，他却越来越觉得自己的书法太甜，太造作，这种美太外露。于是，他开始转变风格，追求稚拙美、生涩美。一般人都欣赏不了他的作品了，觉得不好看。但有些知名书法家却对他推崇备至，盛赞他衰年变法的勇气。他此时已经对举办展览之事比较淡漠了，当然他自己不办也自有人给他办。

七十五岁后，吴一真先生又对自己进行了一次反省。他觉得自己太执着一个美字，追求稚拙也是一种求。于是，他把求美之心放下了，他不称自己的书法为书法，而称为写字。事实上他也就是写字而已，章法、笔法都没有了，在一般人眼里，他的字比原来差多了。然而，这并不影响他书法的价值，他毕竟很有名，写得好不好人家都不在乎，随便写几笔都是墨宝，人们照求不误。他人也随和，也没拿自己的字当字，有求必应，看到觉得不错的文章，即使晚辈的作品，他也乐意抄写一下，从不计较。

一真先生活到了九十三岁。这年春天，老伴先他而去，他也知道自己大限已到，他毕竟太老了。这一天他让大孙子帮忙伺候着洗了澡，理了发，换了衣服，然后静静地躺在床上。子孙们都在床前，他从容地把自己一生的作为回顾了一遍。他觉得该做的都做了，在这个世界上自己欠人家的也都还了，人家欠自己的都忘了，对得起别人，也对得起自己，没有什么遗憾，甚至没有什么可想的，就缓缓地对大家说自己该走了。

听到这句话,孙子和孙媳妇们就哭了。这时,他那已过古稀的儿子说话了,他说孩子们你们不要哭,让爷爷安安静静地走,并转脸对一真先生说,您老放心去吧,身后一切都好。

屋里静静的,一真先生安详地闭上了眼睛。他觉得自己从来没有如此清醒,他听得见自己的心脏在微微地跳动,一下、两下、三下……他感觉到自己被笼罩在一种柔和的白光里,宇宙间一种莫名其妙的像水也像气一样的东西从四面八方向自己弥漫过来。

他觉得自己的身体从手脚等周边末端开始渐渐融化、融化,这是一种不可名状的体验。他没想到死亡竟是一种如此奇妙的过程,他觉得自己身体中的细胞在分解,这种分解竟是这般舒畅,这种分解和融化缓缓地向内推进,这种舒畅感也向内推进着最终积聚在额头上。随着最后一下心跳的停止,他觉得自己升空了,自己像是一个很大很大柔软的水母,像一团舒卷的云,飘浮在空中,如此惬意,如此自在。

这时,他看到了后代们和自己的身体,也听到了后代们的哭声,但准确地说不是看,也不是听,因为他找不到自己眼睛和耳朵的位置。但一切却是这样清晰，这样明了。这一切都似乎包容在自己的体内。甚至那房子，那村庄，以至于那山，那河流，都包容到自己的体内。他觉得自己是做了一个长长的梦，很虚幻的人生之梦，现在才真正醒来。

他想提醒和安慰他的子孙们，便轻轻地动了一动。于是，他们那个村子上空整个地笼罩了一大片雪白的云，舒卷涌动不已。人们竞相观看惊叹，他怕惊吓了人们，就轻轻往上飘，往上飘，他觉得自己和天地成了一体。进而他听见了优美的音乐声，看到一些美丽而端庄的天人飘然而来又飘然而去，回观自己也有了一个和他们一样端庄而轻盈的身体，有形色却无质碍，甚至可以和别的天人身体重叠，并彼此从对方身体间穿过，而无摩擦感。

一真他们能看到地面上的人和动物像蚂蚁一样来来往往，而人却无法看到他们。但有时也能感觉到，像一种和煦而柔软的风从身上吹过，偶尔也会见到虚虚飘飘的形象，人们称之为云。

其实一真先生去的这一层天还没有离开大气层的

范围。当然，作为一个没有接触到究竟佛法的善良人，能够自己上升到这个层次也是很有福报和难能可贵的。

没有正确的活法，只有舒服的活法

当下时，子虚法师在阿赖耶国不动道场，与眼居士明见、耳居士灵寂、鼻居士元息、舌居士默得、身居士正直、意居士慧觉六大弟子，不起于座，讨论问题。

耳居士灵寂合掌问言："子虚老师，我时常听到社会上有一种理论，说时间就是效益，时间就是生命，您对此做如何评论？"

"我替老师回答，"默得抢过了话头，"这个理论是当老板的人提出来的，其实际目的是要员工们为了他的效益而作践生命。"

"一个口号被喊一百遍就成了真理，当所有控制话语权的老板们都把这条口号写成标语挂到醒目位置时，就形成了人们的思维定式,天下的员工们便不再怀疑其正确性。"明见居士也发表了自己的看法。

子虚法师一般不做直接评论,更不下断语,他沉吟了一下,说:"我给你们说个故事吧,当领导的兔子瞪着因长期熬夜而变得红红的眼睛,很严肃地批判一只老龟:'你一向消极避世,不思进取,而且还时常发表一些什么清静无为呀之类的消极理论,难道你不懂得时间就是金钱,时间就是生命吗?如果大家都像你一样偷闲以求自适,就会被滚滚的历史巨轮所淘汰。'"

"老龟懒散地抬了抬眼皮,慢吞吞地说:'这种批评教育我已经听了很多次了,当年你爷爷曾这样批判过我,你爷爷的爷爷也曾这样批判过我,你爷爷的爷爷的爷爷也都曾这样批判过我,如今这些把时间当生命的先生都回归了时间,就剩下我这个不知时间为何物的还活着。'"

听了子虚的故事,六位弟子都笑了。元息评论道:"这个比喻妙极了!所谓拼搏、进取、竞争、发展都是一种错误的心理导向,它使人焦虑、浮躁,不仅无助于生命,反倒促使生命更早地进入坟墓。什么是最宝贵的？身体是最宝贵的。拥有亿万财产没有好身体如何享用？人若明白了这个道理，就不要把功名利禄，时间呀效益呀看得太重，多拿出点时间，打打太极拳，遛遛马路，最好能静坐调息，练练太极，赚个健康长寿，才算活个明白。"

明见、灵寂、默得等也附和着发了一番对生命的感叹，尤其正直居士不仅强调了身体的重要性，还从汉字结构上找到了依据，"请看身体二字，身者，人之本也。子虚老师，您说是吧？"

只有慧觉一直没有发言，他觉得就子虚法师的境界，这个故事还没有讲圆满。

子虚一直微笑着听着弟子们的议论，正直居士又让他表态，他便看了慧觉一眼："你不想说点什么？"

慧觉说："这个故事还没有讲完，兔子还有话呢，兔子说老龟：'你别故作深沉，你未必了解生命的真相，你只看到你自己活了五百多年，却不知道这五百年一直是我在和你说话，你那么衰老，我却不断更新，永远年轻而有活力。我爷爷是我，我爷爷的爷爷的爷爷也不见得是别人吧？'"

子虚微笑着点了点头："没有谁是错的，一定要分个谁对谁错，是是非之心；一定要辨个谁究竟谁不究竟，是高低之心，都不是平等心，生命的本体是平等不二的，生命的现象是多样的，各有各的活法，自己觉得好就好，如果自己觉得不舒服了，就换个活法。对了，我刚才讲了一句误导你们的话，其实那兔子的眼睛不是加夜班熬红的，它本来就是红的。"

原来我们是神仙

那时祥子还读书。

一个春天的星期天,太阳暖烘烘的。

祥翁祥婆又在院里晒太阳。

祥子也找一把凳子放在祥翁祥婆的椅子中间,坐下来弹起了吉他。

一只邻居家的小黄猫也跑过来,趴在祥子的腿上,眯起眼睛,肚子发出呼噜呼噜的声音。

祥子的吉他弹得并不十分熟练,但很有艺术感觉,三个人都感觉到了,小猫也感觉到了。

山村里很安静,只有吉他声在轻柔的春风中飘荡。偶尔邻家的驴子也会哼哼几声,不知是否是为了配合吉他。

世界真祥和。

这一刻世界上没有别人。

吉他停了,静默了一段时间。

祥婆问:"怎么不弹了?"

祥子说:"咦!我忽然发现,我们一家人是神仙。"

千金散尽还复来

你的心里就有无穷宝藏,
还求什么呢?

当你有一天想通透了,
你就会发现,
三千大千世界原来都是自心所显现,
都是自家宝藏,
一切现成,
受用无穷,
你还求什么呢?

你说该花不该花？

阿银第三次进山见祥翁。

阿银说："祥翁，我前两次专程来买您的画，您都没有满我的愿，今天我无论如何也要请到您的大作。"

祥翁笑笑："你不说我也清楚，像您这样日理万机的大老板三次进山买画，看来还真是有诚意的，这份诚意视为知音也是够格的，送你张画也应该，何况你还给钱。"

"我爱好书画收藏，经常和艺术家打交道，您祥翁很特别，与众不同。"

"人家都住在城里，我住在山里；人家艺术家都发财成了大款，我却还是穷光蛋，是不是？"

"您不是穷光蛋，穷人没有您这种底气。您正是让我感受到了一种很深的底气，才使我欲罢不能，非买到您的画不成。我到别的艺术家那里都是被当作贵宾接待的，像您这样淡淡如水的人还没见到。"

"因为我这里没有烟酒，只有茶水。再说，我根本没有怠慢过您，只是没有另眼看待而已。在我这里，高官和平民，富翁和乞丐得到的都是平等接待。不管你在外边是什么，进了我这个门都一样，都是朋友。如果有人说我很高傲，那是由于他是官员；如果有人说我很随和，那是由于他是农民；如果有人说我很贫穷，那是由于他是富翁；如果有人说我很富有，那是由于他是穷人。而我只是这个样子而已。"

"能看看您的画吗？"阿银有些急不可耐。

祥翁一努嘴："最近画的几件小品都在这墙上挂着呐，让你撞上，也是它们和你有缘。喜欢哪一幅，揭下来就是了。"

"这几幅我都要了。"

"不用挑一挑吗？"

"不用挑，您祥翁的作品我都喜欢。"

"你是废品收购公司的吧?"

"您祥翁怎么这么理解?我可是抱着十二分恭敬心来请墨宝的,我真的都很喜欢。"

祥翁画画纯属心血来潮,涂抹一通便题上一段小诗或格言,随手找两个图钉按在那凸凹不平糊着一层纸的土墙上,高高低低,七歪八斜,只是给自己看的。

阿银和祥翁一起把画取下来,很欢喜地一一又端详了一番,把题画词也读了一遍,然后问祥翁:"这些画您要多少钱?"

"我有必要向你要钱吗?"祥翁反问道。

"我总不能白拿您的作品吧?"

"那当然,白拿的作品你是收藏不住的,即使能收藏得住,最终也不可能给你带来任何效益,只能害了你。除非你行过大善,积过大德,即使如此,也是很损你的福报的。"

"此话怎讲?"

"你精于收藏鉴赏,应当知道一个现象,有许多持有名人字画和古玩的人,最终不仅卖不到好价钱,却常有大祸临头甚至家破人亡的事情发生。这多是由于他们平时所积的福报不够,其中很大一部分是由于这些东西是他们非法所得。"

"这个道理我懂。"

"我相信你懂,否则你不会有今天的大富和发达。正因为你明因果,懂规矩,我才痛快地任你取画。否则,这些画会害了你。如果我的作品不能为别人带来好处,反而对人有害,那是我的罪过。"

"那么我该给您多少钱呢?"

"那是你的事,与我没有什么关系。"

"可我不识价呀!"

"不识价却当收藏家,那不是很冒险吗?"

"对您的作品我真的没有数,还是希望您开个价。"

"你给钱是你买画,是你的事;我如果开价那是我在做生意,而我从进山那天起就不做生意了。我也喜欢钱,但我只收人家很愿意给我的钱。如果你真的很外行,市场上的书画就够你眼花缭乱了,何必受罪跑路进山来找画呢?"

"可我真的没有数呀!"

"那么我告诉你一个花钱的原则吧,第一,你觉得心安；第二，你不觉得心疼。你如果觉得心安，说明你没有占我的便宜；你如果觉得心疼，说明我多拿了你的钱。"

"你真的这样相信我的良心？"

"这与我无关，你自己相信就好。"

"看来我不仅要收藏您的画，更要交您这个朋友。"说着话，阿银从包里掏出一沓人民币放在桌子上。"祥翁不算计，我也不算计，日后我还会来，有什么用得着我的只管说话就是。"

"用不着时不必说话，用得着时也不用说话。"祥翁笑了，"你把钱拿出来了，我现在可以告诉你，其实，我现在正需要钱。今年的电话费该交了。"

"连电话费都没钱交了你还这么沉得住气？"阿银很惊奇。

"这有什么稀奇？进山这么多年，我都这么过来了，手头很少有存钱，但该用钱的时候又总会有钱。只要我们真心学佛，放下一切心，自有佛菩萨垂护关照，不会困死的。我知道这几天会有人来送钱，但不知是谁，原来是你。"

"这事神了!"阿银听了祥翁的话,连呼不可思议!他说他今天参加了某寺一次佛像开光典礼,典礼结束后竟不假思索神使鬼差般驱车直奔这祥和谷,下定决心要买回画去。

阿银走后,祥婆对祥翁说:"这次又让你说着了,这钱送得真及时。"

祥翁说:"不是说着了,而是本来如此,发愿不出山拿钱就是不用出山,我们只要安心修行,一切本来现成。"

这缘故说来话长,这里简要介绍:

不多日前,有位朋友不听祥翁劝告,一意孤行惹了麻烦。眼看就要发生一场恶斗,祥翁祥婆翻遍家中每一角落,悄悄凑起五千元钱以肇事者的名义安抚化解了矛盾,紧接着收到电话费清单,祥婆说咋办?祥翁说莫愁,这三五天必有人送钱来。也事有凑巧,第三天,有个偶然进山认识了祥翁的某报总编来电话,说有位外国收藏家通过他的介绍要买祥翁的画,由于已订了第二天回国的机票,进山来不及,希望祥翁把画送到亚运村某饭店。祥翁表示不出山拿钱,结果那老外生了好奇心,硬是抽时间下午驱车进山。结果进山天色大黑,离祥翁所住村庄仅剩五里时忽然心生疑惧,回车返城。那总编觉得很遗憾,又电话告知祥翁。祥翁便对祥婆说,"这是考验,我们现在太想钱了,因此受不起这钱,人家送钱的菩萨又回去了。"祥婆说:"随它去吧,前几年没电话不是也很好吗?"

又隔一天,阿银来了。

你说该赚不该赚？

人问祥翁：怎么能知道我们哪笔钱该赚，哪笔钱不该赚呢？

祥翁说：你觉得心安理得就该赚，如果你心里不安，需要给自己找一个说法，那就不该赚这笔钱。

人问祥翁：怎么知道哪笔钱是自己福报所感，哪笔钱不是自己的福报所感？

祥翁说：有意无意间找上门的生意，是你的福报所感；对方因为感激、感动或尊敬而送上门的钱财，是你的福报所感。如果你需要挖空心思使尽招数才能抢到手的生意，那不是你的福报所感，这钱你赚到还会失去；如果对方不是出于对你的尊敬和感恩，只是出于某种利用和不可告人的目的送上门的钱，那更不是你的福报，那是祸害，他是给你送手铐的。

你是穷人还是富人？

什么是穷人？穷人是总感到自己的财产太少的人，一个人即使有亿万家财，只要他还不知足，那他本质上还是一个穷人。而且他最终也必将沦落为穷人，即使他此生侥幸没有破产，死后也必会投生饿鬼道。这是由他的心态决定的。

什么是富人？富人是总庆幸自己富足的人，一个人即使只有两块钱，只要他知足，而且还能想到用这两块钱去帮助别人，那他本质上是一个富人，而且他很可能真正发达成为富翁，即使他此生没有发达，由于他这种知足和施舍的心态，死后也必将投生于善道，成为富贵之人。

他是小老板还是大老板？

小老板是每天挖空心思盘算着如何把别人的钱变到自己口袋中的人，如果一个生意人只会用这么一种模式思考问题，那他注定做不了大生意，发不了大财，而且迟早他会破产，因为他的福报是有限的。

大老板是常常思考如何把自己手中的钱财使用到最能利益大众的地方的人，如果一个生意人有这种意识，那他必定是一个大企业家的材料，他必定会财运亨通。如果他能永远保持这种心态，那他便永远不会有破产潦倒之虞，那是由于他在收获的同时还在不断地播种福田，他的财富于是便没有穷尽。

看清了"大款"的下场,你还想当"大款"吗?

阿旺求祥翁:"您老见多识广,给我们出点招,想个门路,帮我们发点财吧!"祥翁说:"钱财这东西,命里若有不用求,命里没有都是瞎忙,再说,你现在不愁吃不愁穿还想发什么财?"阿旺说:"你看人家那些大款多牛,想什么买什么,我就想发财,人来世间走一遭,就要活出个样来。"祥翁说:"那个样子有什么好?大款是很多,什么年头都有,可您仔细瞧瞧,数数,今天的大款不是昨天那拨儿大款,明天的大款也不是今天的这拨儿大款,你若看清楚这些所谓大款最终落了什么下场,你就不想当大款了。"

福自善处积，财从舍中来

阿顺的生活水平在村里属于中上游，但他不知足。他做梦都想发大财，对山外的大款们羡慕得要死。他听说祥翁的字画有名，几次向祥翁索求，祥翁一直含糊着没有答应他，因为祥翁知道轻易满足他的要求对他有害无益。一个福报有限又不懂得付出的人是受不起贵重之物的。但毕竟人家开口多次了，总不满其愿又怕他生怨恼之心。这天，祥翁说阿顺你到我家取吧。阿顺便乐颠颠地跟着到了祥翁家。

阿顺刚坐下不久，一杯茶还没喝上几口，祥翁的一个邻居阿大来了。阿大老头大概算村里最穷的人了，他和傻儿子阿足靠捡破烂为生。尽管祥翁祥婆多年来时常关照接济他们，政府扶贫也没少了他的份，但外财不富命穷人，阿大永远是一贫如洗。但见阿大进院后抠抠索索从衣兜里掏出两把栗子给祥翁。祥翁很欢喜地接了，让祥婆取个干净碟子盛好，供在佛像前，并很庄重地点燃了一炷香为其祈福回向。

看了祥翁的举动，阿顺有点发笑："他给这么两把栗子值得这么小题大做吗？"

祥翁则很认真地说："不能小看这两小把栗子，我来祥和谷这多年还是第一次见到阿大送东西给别人吃，而且是今年第一次采下的新鲜栗子。他自己肯定还没舍得吃，这么重的心意我们收受不起。"

阿顺说："这些年您老两口没少帮助他，他给你两把栗子有什么？"

祥翁说："话不能这么说，我们给他的大都是我们多余的东西，而他没有多余的东西给我们，这两把栗子是他所能拿出来的最珍贵的东西。最难得的是他生发了报恩心和施舍心，要知道，他之所以今生贫穷，就是由于过去只知道索取而不知道施舍。这一念施舍供养之心便是他改变命运的开始，很可能由于这一念施舍供养之心使他来世成为富翁。我们怎么敢轻慢他呢?"

阿顺不信:"两把栗子能改变命运,如果真有这种奇迹,我施舍二百斤栗子。"

祥翁说:"你二百斤栗子也抵不过他两把栗子,差别在你是有求心,他是无求感恩心。我说个故事给你听吧,这个故事还是从咱们村阿章老头那里听来的。"

于是,祥翁讲了如下一个民间传说故事:

从前有个苦命孤儿,给财主当长工,出的是牛马力,吃的是猪狗食。三年期满,狠心财主欺他老实,一个铜板也没给,只给了他一小桶豆油,就算是三年的工资了。

小长工提着一小桶油,离开了财主家。他很茫然,不知道这点油能干什么,这时他想起小时候在寺里看到别人用豆油点佛前灯,就想,反正我靠这点油也活不了命,干脆送到后山的法云寺供佛吧。

却说这法云寺的老方丈,这天晚上做了一个梦。第二天,他便召集全寺僧众大开山门,两序恭迎,说今天有大施主光临。

当一身褴褛的小长工提着小油桶来到寺院时,老方丈身披大红祖衣亲自迎接，将小长工所携豆油很庄重地添加进大雄宝殿的一盏盏灯池，并亲自主持为小长工举行普佛法会，诵经念佛回向。僧众们见迎了半天，所谓大施主竟是一个如此寒酸可怜的小长工，心里发笑却碍于老方丈的威德不敢有半点怠慢。

普佛法会结束后，老方丈又带着受宠若惊的小长工来到后院。掀开一个小井的盖子，让小长工朝井里看。小长工看到井里一片光明，光明中显出一栋富丽堂皇的宫殿，小长工从来没有看到过这么美的光景。便问老方丈这是什么地方？老方丈告诉他说这是他来世住的地方，都是由于他今天布施灯油的功德。

这事后来传到了那个财主耳中，那财主就想，小长工施舍一小桶豆油就有这么大的福报，我去多施舍一些东西，不就有更大的福报了吗？于是，他便装了满满一大车大米白面、锦缎布匹送到法云寺。令财主失望的是没有受到小长工所受的那种隆重接待，尽管也为他举行了普佛法会，老方丈却没参加。

法会刚结束，那财主便急急忙忙去见老方丈，要求看看那井，想知道他后世能得什么福报。老方丈说不看也罢，财主便苦苦请求，老方丈只好带他看了那井。但见那井中有一头毛驴在拉磨转圈，财主便问老方丈这是怎么回事。老方丈说，这头毛驴就是施主你的后身呀！那财主就急了，他不相信这是真的，他问老方丈，怎么我那个小长工布施一小桶油就可享大富贵，我布施这么多财产却落这么个下场呢？

老方丈便告诉那财主，你没法和小长工比，人家是把三年苦力的全部收入也就是他的全部家产布施到了寺里，而且心无希求，这功德福报当然很大；而你只是拿出自己财产微不足道的一小部分用作布施，而且这些财产还是剥削压榨穷人的血汗得来，更何况以贪求之心而布施，发心不清净，哪里会有大的功德呢？本来你是要下地狱的，能够转生做毛驴偿还业债已经很该知足啦。

阿顺听了祥翁讲的这个故事，老长时间愣着没说话。

趁着这个闲空，祥翁理纸挥毫，写了一幅书法作品送给阿顺，说："满你个愿，祝你发财。"

阿顺接过那张作品，上边写的是一副对联：

福自善处积,

财从舍中来。

　　阿顺很感激,说:"祥翁,我拜您做老师吧,跟着您学做人。"

我今不舍财，将来财舍我

你之所以在甲地发了财，乃是由于过去世你曾在这里开仓济贫做过公益；你之所以在乙地破了产，乃是由于过去世你曾在这里为官刮走了半尺地皮。当然也可能是其他原因，但因果的原理和规律不会错。

不要等到把种子都吃光了以后才想到种地，不要等到自己破产了以后才想起做公益。

我今不舍财，将来财舍我。

行善积福，废纸也能变宝物

那天晚上，在逍遥谷万缘茶棚，企业家出身的茶棚服务员林放，接待了他的十几位当老板的铁哥们儿，他们一改往日在商场上闯荡那种烧包大款派头，摇着大蒲扇，围在老碾盘边，一面悠闲地喝着逍遥茶，一面听林放海侃了一通。

林放讲了一个故事，不知到底是真事还是瞎编的。他是这样开头的：

哥们儿听着，我讲的这个故事绝对是真事，不管你们信不信，反正我信。

那是新中国成立前夕的事了，在北平，不，说远点好，在重庆，这样你们不容易去核实。在重庆有哥儿俩，这哥儿俩可大不一样，老大是个老板，做军火生意，大发国难财，有的是钱，但很苦恼。他眼看着国民党大势已去，物价飞涨，国币贬值，朝不保夕，便整日忧心忡忡，于是决定将财产兑换成金条，找块地埋起来留给三个儿子，这样他无论落个什么下场心中也能稍安一点。这事让老二知道了，就嗤笑哥哥迂腐。老二是个收破烂的，本来就没多少收入，有点收入也常拿去接济穷人，因此从来存不下钱。尽管如此，他还整天乐呵呵的，没个愁肠。他也有三个儿子。当哥哥的一直劝老二给儿子攒点财产，老二从来不当回事，他听说哥哥要为儿子埋金子，不但不羡慕还说风凉话，说那是一堆臭狗屎，还不如他收购的那些废纸。老大说，好，我的金子是臭狗屎，你的废纸是宝贝，那咱们都埋起来，看看到头来谁的是宝贝。老二说成啊，你埋你的金子，我埋我的废纸，走着瞧！

甭说，老二还真的弄一大堆废纸，什么《中央日报》啦，共产党传单啦，过期纸币啦，还有悬赏捉拿共产党的告示，等等，一股脑儿地用塑料包严实了，他不像哥哥那样偷偷摸摸鬼鬼祟祟地埋宝，而是公开地在院子里挖了个坑，还隆重地举行埋宝仪式。他把三个儿子叫在跟前，还请了街坊邻居来做见证，宣布五十年后由三个儿子挖了平分，算作留给他后代的遗产。就这样大张旗鼓地埋了，大家也仅当一个笑话看了。

时间一晃就过去了，新中国成立后老哥儿俩相继去世。老大的三个儿子由于过惯了比较优裕的生活，又有指望，过日子就不知道节俭，很快就穷了。这时，其中一个起了歹心，便趁夜晚去偷挖金子，想独吞，不想金子还没挖出来却挖出一条毒蛇，原来那老板临终放心不下他一生的心血，加上做人做得太毒，死后便失了人身，转生为毒蛇，守着他的宝贝不肯离去。他儿子哪里知道这些，几铁锹便把他老子斩断成了几截。这一折腾弄出了声响，结果被其他两个兄弟发现，三家人发生了一场恶战，打得天翻地覆，死了两个人，打死人的那个又被依法枪毙了，闹了个家破人亡。

老二的三个儿子呢，心知老子没有留给他们什么指望，也就只好奋发努力，克勤克俭，三家人家过得还挺美满，尤其是孙子辈，个个混得挺有出息。

一晃半个世纪到了，半个世纪到了哪年呢？嗯，去年，不，是今年。今年春天，哈，最新新闻！绝了！今年春天，孙子们忽然想起了他们爷爷的遗嘱，说有一大包财产五十年后挖出来用，他们和三个父辈也就是他们爷爷的三个儿子,商量是否挖出来。这三个爷爷的儿子、孙子的老子哭笑不得,一堆废纸也不嫌丢人,挖了有什么用?随你们去吧!这些孙子辈们好奇,便挖呀挖呀,挖出来一看,他们欢呼起来了,这都是些珍贵文物呀!这些年轻人有招,搞了一次拍卖,一家伙净得二百多万!只有一件东西没舍得卖,那就是他们爷爷装在一个废铜盒中的一副手书,写着这样两句话:

积金积银不如积德,

学武学文不如学佛。

这老二有个孙子是个学佛的居士,他说爷爷肯定是个菩萨,并向大家讲解佛经中有关施舍福报的法义,结果后来他的堂兄弟堂姐妹们都先后皈依了三宝。甚至有一位正式剃度出家修行去了。

随便提一下,那卖文物所得的二百多万经过大家讨论也捐给了慈善机构。

说到这里,林放说,故事讲完了,讲得不好,瞎编的,请各位老兄多指教。

几位企业家哥们儿没有笑,老长时间静默,大家都若有所思。

细水长流，才能吃穿不愁

"人家阿升如今发大了。"阿林说起阿升，一脸的羡慕。

阿林和阿升都是祥翁的老乡。阿林至今在村里务农，想发财但一直找不到门路。阿升也是农民，近几年承包了一个石子厂发了财，盖了别墅，买了豪华轿车，原先大家都以为他天生是个瘦猴，可如今胖得像个充足了气的气球，好像随时要爆炸的样子，说话气粗得有些喘，很少见他正眼看人。

听了阿林的描述。祥翁仿佛看到了阿升春风得意的样子。

"那叫暴发户，暴发户不值得羡慕。"祥翁说。

"谁不想发财，暴发户有什么不好呢？"

"暴富意味着暴穷，常常和灾难连在一起。暴发的是什么？暴发的是山洪，没根的水，来时挟石裹沙，汹涌不可挡，可眨眼间便会过去，只剩下裸露的山坡，嶙峋的巨石，再后来便会干旱枯焦，庄稼不会有好收成，因为好土都冲走了。发财的道理也是如此，来得太快，去得也必很快。另外，一个心理和道德素质低下的人是享不起大福的，当他发了财便会得意忘形，自觉高人一等，斗富显派，一掷千金。这种人时运必不长久，一旦家道败落，便没有一个朋友，只能成为最可怜的人，这个道理如果你不信，可以数一数前些年那些暴富的大款，如今都怎么样了？"

阿林沉默了好长时间，他在列数那些大款，结果都很糟糕，他发现那些显赫一时的风光人物差不多下场都很惨，有的家破人亡，有的潦倒沦落，有的坐了大牢，也有的背井离乡下落不明。

祥翁也记得那些年的大款，他一一询问他们的情况，阿林一一讲了那些人后来的情况。其实即使阿林不介绍，祥翁也能想象得出这些人的情况，因为祥翁清楚那些人是怎样发家的，阿林只是来帮祥翁印证了他的预测。

祥翁对阿林说："今天的大款不是昨天的大款，明天的大款也不是今天的大款，永远都有大款暴发户，但大款暴发户不会永远。看破了这一点，你就不会羡慕那些大款了。但是这并不是说你不该去致富发财，只是各人财运不一样，能赚的钱只管赚，财运不到也不要急，先要学一个知足。细水长流，吃穿不愁，你这不是很好吗？"

为什么财富不传三代?

民间有句俗话,叫作"财富不传三代"。对照世间现象,还真是如此,这是为什么?

财由施舍来。斋僧和济贫是财施舍,打工干活是力施舍,讲经说法是法施舍。施舍还分有限心施舍和无限心施舍两种,有限心感有限财,无限心感无限财。

有道是在商言商,凡经商者均有贪财之心,这毋庸讳言。即使不做商人,凡属世俗之人也都热衷于积财,积财就是贪财,这也毋庸讳言。因此凡是商人和一切世间俗人,无论他赈灾济贫、修庙斋僧做多少义举善事,潜意识中都有积福求报之心,这种积福求报之心就是凡夫的有限之心。

无限之心只有圣人才有。如有的高僧大德,他们清净无欲,不积不求,无丝毫贪取之心,手中一旦有钱财便随缘布施出去,并无任何希求,纯然一片慈悲之心。这种人尽管平时手中无闲钱,可他一旦发愿做什么事情,钱财就会滚滚而来。这种人平时的布施不仅限于钱财布施,身口意都在布施,而且他们在布施的同时不见施者不见受者也不见所施之物,这种三轮体空的布施就是无限心布施,也称为无相布施。

无限心布施不但能感得生生世世的大富果报,而且最终能感得三身圆满究竟成佛的极品果报。

你能给孩子留下什么?

那时祥子还未成年。

有一次祥翁问祥子:"你快长大了,我也该为你打算了。你需要什么?"

祥子说:"我也不知道我需要什么,您能给我什么?"

祥翁说:"这你知道,你爸爸如今没有什么积蓄,但没有不一定是不能,凭你老爸的能力,只要想积,就能积一点,可是有个道理你必须知道。"

祥子看着祥翁,他知道老爸的特点,不用问,老爸自能说下去。

祥翁接着说:"各人的福报是各人积的,谁也代替不了谁，父子之间也是如此。你如果有出息有福报，你就用不着爸爸的财产；你如果没出息没福报，那你不仅看不住爸爸的财产，而且给你留的越多越会害了你。"

祥子就笑道："老爸，你就直接说不想给我积财产不就得了吗？"

祥翁说："当爸爸的对儿子是有责任的，儿子有提出要求的权利。"

祥子说："我没有当保管的爱好。"

祥翁说："我们一家三口浪迹江湖，什么财产也没有积下，但什么也没缺过，因为我们活得很愉快，你说是吧？"

祥子说："我得到的已经很多了。"

孩子用得着你的钱吗？

如今很多人在为孩子辛苦赚钱，实在颠倒之至。孩子如果有出息，他用得着你的钱吗？孩子如果没出息，他受得起你的钱吗？父母有抚养孩子的义务，但那只限于保证其健康成长和受教育而已，若过分为孩子花钱，会折损孩子的福报，将来孩子很难有出息。如果你一味为孩子填钱，那说明你和孩子是恶缘，你前世欠了他的债，他来的唯一目的就是败你的家，然后自己也完蛋。而你则用钱财做刀，杀死你的孩子。

孩子的身上折射着父母的影子，言传不如身教。你把钱看得重，他会把钱看得更重，区别只在于你疯狂地从别人兜里掏钱，他则疯狂地从你兜里掏钱。永无满足之日，而且毫不领情。

如果你早一天明白这个道理，你就会变得潇洒而明白，你的孩子也会变得潇洒而明白。他会孝敬你而不轻易向你索取，这样一来，你会轻松而自在，孩子也会更有福报。

古今中外许多大富翁大收藏家，都大做公益事业，晚年又将财产义捐而不留给子女，难道他们不爱孩子吗？他们比你更爱孩子，只是他们爱得更有智慧。

存的钱，花的钱，统统不是你的钱！

你不要试图用钱来充实自己，那叫自欺。

存在银行里或存在家里的钱不是你的，因为你没有得到受用，你只是得到了一种心理的安慰，以为你自己有钱，其实这些钱说不好是给水火盗贼不肖孽子或是给官府准备的。

花出去的钱不是你的，因为你已经花出去了嘛，你只得了一个失落。

正花钱时钱也不是你的，你只是一台数钱的机器，只是一个出纳员，你所得到的只是一阵阵的心疼。

因此，你对钱还是看淡一点好。

钱到手，很好，那是上天看得起你，让你暂时保管，相信你会把它用到最能利益众生的地方。

钱花出去了，很好，又完成了一件任务，还了一笔债，摆脱了一份累，省却了一份心。

正花钱时，很好，这钱真是神奇的玩意儿，你看，它顷刻之间就能换来一大堆东西，肚子饱了，身子暖了，困境顿时解除。

最美妙的是你为你的钱找到了一个很好的去处，你看着别人的脸从灰暗顿时变得灿烂，看着那饥寒的人因你的施舍而饱暖，看着流浪的儿童进了校园，看着荒废的遗址涌起庄严的佛殿，看着崭新的经典和善书在饥渴的人们手中相传，你那种充实，那种惬意，那种坦然，自不待言。

只会围着钱转的人，跟拉磨的驴有什么区别？

赚钱者，转钱也。

人为主，钱为奴，能把钱玩得转者，那才叫赚钱。

能把钱看小了的是大人，大人不求赚而能赚。施舍修福，福报大了，想不富都不行，钱围着人转。

若把钱看大了的人便成了小人。小人像驴子拉磨一样围着钱转，累死累活，实在可怜，那不叫赚钱，那叫钱赚，钱把人给赚了，赚去了青春，赚去了时间，赚去了悠闲，赚去了情感，最终把灵魂和生命都赚去了。辛苦一生，到头来钱少的心有不甘，钱多的闭不上眼，实在可叹！

祝贺你亏损了一百二十万

阿琳很年轻,很漂亮,通身透着一股聪慧精明之气,看年龄也只是二十岁出头的样子。

阿琳对祥翁说,最近她倒霉透了,办公司让人家算计了,一家伙亏损了一百二十万,结果公司发生政变,自己赤条精光地出局了,如今正不知该怎么办,特来向祥翁请教。

祥翁说:"不对吧,我看你开的车就很豪华,是宝马吧?"

阿琳说:"是宝马,但那是我临时向朋友借的。"

祥翁又打量阿琳:"看小姐的装束也不像个潦倒的人呀。"

阿琳苦笑说："我总不能弄得像个叫花子呀。"

祥翁笑："很好，你既然还很重面子，说明你的意志精神还没有垮掉，那我真诚地祝贺你，祝贺你一家伙亏损一百二十万。"

阿琳惊奇地瞪大眼睛："什么，我亏损了一百二十万您还祝贺？"

祥翁说："因为你比一般同龄人富有，你比他们多了个亏损一百二十万的经历，除此之外，从头到脚，你都不比别人少什么。说真的，连我都很羡慕你，我这一生可谓经历丰富，但还缺少一次亏损一百二十万的经历，因此你比我强。你有这一百二十万的经历垫底，是可以赚回很多个一百二十万的。"

阿琳小姐听了祥翁的话，大受鼓舞，信心百倍地走了。

一年后一次偶然的机会，祥翁进城竟遇上了阿琳小姐。

阿琳见了祥翁，十分高兴，她说最近正想再进山看望祥翁，没等祥翁询问，她便兴致勃勃地告诉祥翁，如今她又东山再起而且发财了，还包下了一家电视台的一个栏目制作权。她表示十分感谢祥翁上次对她的鼓励和启发。

祥翁笑笑说:"祝贺你,我就知道你会发财。但我还要告诉你,如今你在我眼里,也没多什么。"

你值多少钱，你的东西就值多少钱

阿进是广东居士，这些年一直想办一项弘扬中华传统文化的事业。他每次来京，都会进山看望祥翁。

这一次，阿进带来一块石头，请祥翁过过眼。祥翁对宝石没有研究，他拿到手里没看出什么，无非是一个鸭蛋形的石头而已。然而对着阳光一看发现通过毛糙的表面，里面是透明的墨绿色，不由说了一声，是块好东西。

阿进见祥翁说好，很高兴，说有您这句话垫底我就踏实了。不瞒您说，这石头我是花几万元钱搞到的，还生怕上了当呢，我的事业经费就靠它了。

祥翁见阿进把一项事业的宝押在一块石头上，就破他的执着。

祥翁说:"我说这石头是好东西,是说它比我院子里那些石块有价值,因为它已经有资格摆在我这桌子上接受品评了,院子里的石头还没有这个资格。"

阿进问:"那您估计这石头能值多少钱呢?"

祥翁反问了一句:"你值多少钱?"

"此话怎讲?"阿进不解其意。

"一件东西的价值是和持有它的人的福报成正比的。"祥翁说。

阿进很惊奇:"您能说得更明白一点吗?"

祥翁说:"这块石头若从一国之首的博古架上拿下来拍卖,你说它值多少?"

"那不得了啦,那是国宝哇!"和阿进同来的阿力抢着说。

祥翁又说:"这块石头若搁到活佛或大和尚的法座上,你说它值多少?"

"那也不得了,那是圣物,有加持力,信徒可能要对它顶礼的。"阿力又抢了一句。

祥翁接着说:"这块石头若让苏富比拍卖行的老板叫价,可能卖到几千万;若放到街头上卖水果的摊贩手里，能卖一百块钱都会高兴得睡不着觉。"祥翁顿了一下，"你可以试着把它送给我们这个胡同最东头那位捡破烂的傻邻居，看他能卖多少钱。"

"那它二分钱恐怕也卖不到，能让人扔到河沟里去。"待了半天的阿进终于接上了话茬。

"所以，"祥翁总结道，"这块石头的价值是空性的，在国王手里是国宝，在高僧手里是圣物，在老板手里是金钱，在乞丐手里是垃圾。"

"我有点明白了，人的福报不能寄托在身外的财物上，而要靠真实的善行功德积累福报。"阿进若有所悟。

"是这样。其实说到底，功德福报也是空性的，当然这是另一层面的道理了。"

阿进和阿力都觉得很受启发和教育。

"谢谢你的石头，"祥翁真诚地说："今天若没有你这块石头，我还总结不出这些道理。好石头，真的是块好石头。"

我们这一代人哪!

我们可能身家万亿,但我们实际上可能一无所有,甚至债台高筑而不自知。君若不信,请听文竹分析:您贷款还清了吗?国税交足了吗?工人的工资如数发放了吗?这些都不是我们的。再者,我们为赚钱打了多少诳语?耍了多少计谋?施了多少损招?用这些损人利己的方式得来的钱财,将来都是要偿还的。另外,如今水源紧张了,石油危机了,煤炭枯竭了,森林减少了,良田也被侵占了,这都是我们的开发"功劳",我们这一代人哪!想想都可怕。

我们也学着做点好事,以为功德无量,其实赎罪都不够。

排行榜等于黑名单？

阿贤拿来一本杂志说："阿×上了财富排行榜了"，祥翁一笑，说："未必是好事，这些财富杂志都是忽悠人的。上了排行榜差不多就算上了黑名单。"阿贤说："您怎么能这样说？"祥翁说："你还是阅历太浅，你历数一下历年来在财富排行榜上露脸的几个有好下场的？"

说话时正好有某通讯社资深记者阿生在场，阿生说，还真是，我曾参与编写过经济风云人物传，现在回头看，没有一个站住脚的。

祥翁说："钱这东西，没有不行，多了不好。"

当猪哼哼变成了李大亨

哼哼病了,已经几天没吃食了,可急坏了饲养员小李子,找兽医看了半天也没诊断出什么病来。哼哼是小李子最喜欢的一头猪,不但长相可爱,而且特通人性,和小李子很有缘分似的。看着日渐消瘦的哼哼,小李子泪都落下来了,惹得他那刚过门不久的媳妇发笑:看你一个大老爷们儿,心肠软得什么似的,等我们有了儿子你能这么上心吗?

其实哼哼没有病,要说有病的话也是心病,猪也会有心病?这还得从那头猪王说起。

小李子工作的这个养猪场养了一头特大的猪,八百多斤,高大雄壮,非同一般。最奇特的是这猪王全身黑色却单单在额头上长了一撮白色的毛，煞是引人注目。养猪场场长为了显示他们的养猪成果，一直养了好几年舍不得宰杀，而且特意用精饲料喂着，还安排了单间猪舍，每天清理得干干净净，以供那些取经和视察的人们参观。

哼哼它们几个就住在猪王的"别墅"旁边，和猪王仅隔一道栅栏。在哼哼它们眼里，这猪王的生活简直是天堂的生活了，让它们羡慕得要死。

哼哼当然不知道这猪王的来历，这猪王是一位菩萨的化身，显猪相来度化哼哼它们超升的。哼哼它们几个有幸和猪王为邻，闻其音，睹其相，乃是一种殊胜的因缘福报。

这天，吃饱了没事。其他猪都去睡觉了，哼哼却独自隔着栅栏和猪王哼哼唧唧地聊起了闲天。猪王观察了哼哼的过去世，发现它为人时愚痴透顶，好吃懒做又杀生太多，便堕落为猪身，生生世世被人宰杀。便叹口气说："哼哼你太愚痴了。你欠猪的命债四百五十世就还清了，而现在你都做猪八百一十二世了，竟然还在做猪，真是可怜。"哼哼听了觉得很奇怪："不做猪做啥？大家不是都这样吗？猪生在世，无非是吃吃喝喝睡睡，赚个心宽体胖，富态丰腴。"猪王说："这有啥好，到头来还不是落个白刀子进红刀子出？"哼哼说："不被杀还有别的出路吗？你倒是了不起，待遇比我们高，可好吃好喝多风光几年还不是一样要被杀了卖肉吗？"猪王又叹口气："唉，如果不是怜悯你们这些可怜的生命，我犯得着入畜生道来做猪吗？"

听了猪王这话，哼哼老大不服气："你别逗闷子啦，谁不为吃喝？唱什么高调，面对现实吧！"猪王不计较哼哼的态度，还是很耐心地和它说："其实这世界上的动物不都是一定要被杀的，你看那几个喂我们的饲养员，他们是人类，一般无论长多胖多大也不会被杀吃的。"哼哼说："你唬谁呐！你看他们忙忙碌碌干活，又跑步又减肥，还不是怕长胖了老早被杀吗？"

猪王说："不是这样的，有些事你弄不懂的，你八百多世以前也曾做过人的。"哼哼打断猪王的话："你越说越离谱了，猪是猪，人是人，人怎么会变成猪呢？再说猪死如灯灭，谁见过前生来世啦？"猪王说："你太愚蠢啦，稍微聪明一点也不至于多做三百多世猪了，今生你有幸见到我，再不醒悟后悔晚矣！"

听了猪王一番话，哼哼也感到一种无法言说的触动，他问猪王人类到底是怎么回事呢？于是猪王又不厌其烦地向它描绘了人类的生活状态，哼哼听得如醉如痴。当然，它无论如何也理解不了汽车洋楼、飞机、轮船、电脑、卫星这些抽象玩意儿，光听说人类睡觉不铺草而铺棉褥盖棉被，吃大米白面喝美酒可乐，这就足以令哼哼心醉神迷了。它十分钦佩猪王知道这么多珍闻奇事，但它还是疑惑，它说："你也是猪，怎么能让我相信你呢？"

猪王知道它在猪道的化缘已尽，就说："猪和猪也是不一样的，我可以来去自由，不被杀，不被人吃，你看着吧。"

此时那几个睡觉的猪们不知何时也醒来在哼哼旁边听它们说话，但见那猪王对哼哼它们笑一笑，说声"我去了"，众目睽睽之下竟倒地而死。

哼哼它们见猪王说去就去，大惊小怪地"咴咴"直叫，惊动了小李子等几个饲养员，有个饲养员又去叫来了场主，那场主见猪王死去，心疼得捶胸顿足。

后来有肉贩要出钱买猪王的尸体，养猪场主不肯卖，他说："用死猪卖钱，咱不能昧那个良心，再说这猪王是咱的福神财神，给咱厂带来了很大的经济效益和名声，咱应该好生安葬才是。"于是他找来几个人，把猪王抬出去有板有眼地挖坑埋葬了。

再说那哼哼见猪王说走就走，毫不拖泥带水，惊呆得如五雷轰顶。它想把这一切理出个头绪，可这颗愚痴的脑袋不争气，想来想去竟一片空白。于是它食不甘味，睡觉不香，终日如痴如醉，以至于日渐消瘦，病倒不起。小李子来照顾它，它只会木呆呆地瞪着小李子发傻，小李子使尽了办法，也不奏效，不久哼哼就死了。

哼哼其实不知道自己死了。它也忘记了自己是猪身，它晃晃悠悠地走着，它来到一个亮着电灯的屋子里，见桌子上有吃剩的米饭和酒瓶子，又见到炕上盖着大红花棉被子，和猪王告诉它的一样，它高兴极了，欢快地跑过去掀开花棉被就钻进被窝……

十个月后，小李子媳妇生了个男孩，胖乎乎憨态可掬。小两口高兴极了，小李子给孩子起了个名字叫"大亨"，以图家道兴旺，发财致富。

李大亨从小不淘气，招人喜欢，只是智商差点，上学后读书学习总跟不上，就老早辍学了。后来学手艺学不会，种庄稼也不上心，他爸让他出门学做生意，又总是赔钱。最后大亨见叔叔杀猪挺挣钱，就自作主张跟叔叔学杀猪，没想到这笨孩子学杀猪倒有些天分，一学就得手。于是大亨就自己开了个小肉铺，每天在养猪场买一头猪回来杀了卖肉，赚钱倒是挺顺手的。

转过年。大亨盖起了大瓦房，娶了个叫珠珠的胖姑娘做媳妇，两口子一个杀的一个卖的，还增加了熟肉食业务，小日子过得挺红火。过了不久，他叔叔得了怪病，常作猪嚎声，并说看到有许多猪向他讨命。不久他叔叔就死了，死时的样子很难看。

叔叔的死，使李大亨悚然猛醒，他觉得长期干杀猪这行当不是个事，可干别的又找不到门路。这时他遇到一个奇人，那人见到大亨就说他该改行了，大亨很惊奇这人的洞察力，就向这人请教，其实这人是菩萨化身，曾化作猪王度化过做猪时的大亨。他说珠珠也做过猪，如今人家欠他俩的命差不多还完了，再杀下去就会有大麻烦了。想到叔叔临死的惨相，大亨不由得不信。可他很犯愁，日后的生计可怎么办呢？

那人告诉大亨，你原先的财富是两口子用多生的命换来的，一定要珍惜，不要乱挥霍。因为你们过去世没有积其他功德，因此命中穷苦，做什么都只能勉强赚个温饱而已，千万要学会勤俭知足，不可多求。大亨听了很悲哀，难道我就只能穷苦一生吗？那人就又告诉他，命运是可以改变的，财富从施舍中来，多帮帮比你更穷的人，命运就会好起来。

大亨想想自己的命运，也就更加同情其他穷苦人的命运。因此，他听了那菩萨的话，随分就力地帮助接济那些更穷苦的人，施舍得家中所剩无几，仍不改其志。有时候实在没有什么施舍，但他见别人施舍就随喜赞叹，而且坚持素食护生放生，后来他死后再转世，果然成了名副其实的大亨。正财源滚滚时又遇菩萨点化学佛，当然这是后话了。

最近大亨有点烦

最近大亨有点烦,许多事都不顺。

大亨姓朱,叫朱大亨。朱大亨很有钱,真的算个大亨,因此"大亨"二字就叫响了,这个朱姓就没人提了。

大亨是位有名的企业家,某某集团的董事长。他起家的拳头产品是一种动物饲料添加剂,猪饲料、牛饲料、羊饲料、鸡饲料都可以用。这些家畜家禽吃了他们生产的添加剂不但长得快,而且肉奶蛋各项指标都好。因此他的产品行销海内外,给他带来了滚滚的财富。

可最近几年他的效益有点下滑,那是由于市场上出现了更加神奇的添加剂产品,吃了那种添加剂的动物,不但长得速度疯快,而且产奶产蛋率远远超过了他们的产品。于是大亨就又把投资目标进行了调整，除了拳头产品的研发更新换代外，还进行了房地产、艺术品和股票方面的投资。

可一个人的命运真是捉摸不定，走运时摔个跟头都能碰到元宝，背运时喝凉水都硌牙。这两年社会上爆出了三鹿奶粉事件，一种叫三聚氰胺的化学名词，一个劲儿地冲击大众的脑神经，先是牛奶产业受到重创，紧接着整个养殖业都受到影响，他的饲料添加剂当然难逃厄运了。天地良心，大亨他们的产品也没有添加什么三聚氰胺呀。他自己还一直纳闷呢，别人的添加剂怎么就那么神奇，敢情是用了损招呀。

可没办法，一块臭肉毁了一锅汤，他不得不认倒霉。更麻烦的是美国那边又爆发了金融危机，给全世界的经济带来了深重的灾难，他投资的领域全是重灾区，股票被套牢，眼睁睁看着财富缩水；房地产一期楼盘刚完成就被搁在那里了，横竖卖不出去。为了尽快脱手，他拿出两百多万做广告，结果只卖出了三套房子，越搞动作越亏损。更可气的是他听了人家的忽悠，说投资艺术品前景好，买了几件当下走红画家的现代派油画，花了一千多万。最近看到一系列报道，原来这些他一直看不懂的丑了吧唧的画是让一些外国资本恶意炒作起来的，最终买单的是中国的冤大头，他自己正好做了一回冤大头。

接二连三商场的失利，大亨有点摸不着底了，他不知道他的事业将下滑到什么程度，甚至已经感觉到了破产的威胁。也许是夙缘所致，正在大亨为自己的前景忧虑的时候，他遇见了悟缘大和尚。

悟缘大和尚这人有来历，什么来历，这里不表。他的证悟修为到什么境界，我们不敢妄加评议。他对世间因缘因果有着惊人的洞察力，好像有宿命通。

悟缘大和尚一见到大亨就笑着说："老朋友，咱们又见面了。"大亨很惊讶："师父，我们是初见面，怎么就是老朋友了呢？"悟缘大和尚又一笑："哼哼，大亨。"大亨更纳闷了，这位师父分明没有见过，他怎么知道我叫大亨呢？悟缘大和尚看透了大亨的心思，说："别琢磨了，你不认识我，我可早就认识你。"大亨听了这话，愈加感到这位和尚不可揣度。

由于同来的几位都是搞企业的，悟缘大和尚的话题自然而然就谈到了财富和因果。他说当前世界性的金融危机和各种生态灾难，都是时下人类的共业所致。他说，之所以四川大地震中遇难的很多都是孩子，三鹿奶粉毒死的都是孩子，就是由于长期以来人们信奉"花明天的钱，圆今天的梦"这种荒唐说法。孩子代表明天，明天的钱花光了，我们很多人就没有明天了。孩子毁了，我们很多人来生也没法做人了，只能做饿鬼做畜生，那是因为千生万世做人的资粮都被我们这今生提前透支了。这一点看看污染和断流的江河、日益枯竭的煤炭石油、森林资源就可以得出明白的答案。

这地球上亿万年的积累，老祖宗都没舍得用，到我们这一代却毫不顾惜地挥霍光了。看看那些林立的大楼和豪华别墅，哪间是为真正需要房子的寒士们盖的？看看那些豪华轿车，哪一辆是为平民百姓准备的？看看那些星级酒店和豪华游乐设施，哪个是为劳苦大众准备的？哪家证券交易所不是投机者的乐园？哪个广告公司不是在夸大其词地忽悠你？这就叫造业呀！很多人一起造的业就叫作共业，共业感召大灾大难。至于每个人又都有不同的业，因此也都有不同的善恶果报。

大亨听了悟缘大和尚的话，感到很震撼，他觉得这些话都是针对他讲的。他越听越发毛，脊背直冒冷汗，可他不得不承认悟缘大和尚讲得句句在理。他问悟缘大和尚，"我们这些做企业的，是不是都不该做，都该罢手了呢？"悟缘大和尚对他说："该做，只是不要做过了头，要学会见好就收，你们看人家比尔·盖茨，事业做得很大，但他知道这些钱不是自己的，全部捐赠到他认为最能利益众生的地方，自己全身而退，这就是大智慧呀！比尔·盖茨后半生会缺了钱吗？不会的，将来百世千生他也缺不了钱。

"可一般老板就很难做到这一点了，好不容易挣来的钱，有几个人肯放下呢？结果下场都不好。要知道，今生能当老板挣到大钱，那是因为过去世有过大施舍。就拿你大亨来讲，你前生也叫大亨，只是姓不同，你的前生姓李，叫李大亨，做过屠夫，卖过肉。后来，知道了杀业的可怕，改行卖豆腐，日子过得并不宽裕。再后来，遇上大饥荒年头，你看许多人挨饿，心里难过，就把你家里存的两千斤大豆原料全部分给了众乡亲，救了许多人的命，而你自己后来却活活饿死了。

"正因为如此，你今生感得大富的果报，想不发财都不行，至于你的事业为什么总和家畜动物有关，这就与你过去许多世的因缘有关系了，说来话太长，而且有些情况不便说明，这里就不说了。"

大亨又问大和尚："这两年我经营不利又是怎么回事呢？不仅饲料添加剂效益日益下滑，后来投资股票、房地产和艺术品都吃了大亏。"

悟缘大和尚说："你前世的大施舍心为你今生积累了亿万的福报，但世间人的福报总是有限的，用完了就没有了，你的饲料添加剂效益下滑，说明你的福报快到头了，你不要以为赚到钱就是好事，这都是在支取你的福报呀。当你的福报支取光的时候，无论再搞什么投资都不会赚钱的。何况股票、房地产和艺术品都不是你熟悉的领域，过去世你在这些方面没有积累。不过好在你的福报还没有消耗完，因此你的这些投资还能收回一部分。不要再折腾了，再折腾你不光会把老本赔尽，还将欠下千生万世的子孙债，那就太可怕了。"

"我听师父的话，不再盲目扩张投资了，慢慢收场，可我下一步该向哪里用力呢？"大亨有点茫然。

"那你就去问问比尔·盖茨吧，"悟缘大和尚提醒说，"不要等福报享尽了才想到去积福，不要等种子都吃光了才想到去播种。趁你现在还有余福，把你的财富用到最能够利益众生的地方。"

听了悟缘大和尚的开示，大亨这下彻底明白了，他发愿将自己的下半生全部投入到公益事业中去。第一件事，他就想到要请人把悟缘大和尚关于因果的开示整理出来，他来出资印赠各方有缘。他觉得世间人之所以多造恶业，招致种种灾难果报，就是心识暗昧，不明因果所致。悟缘大和尚那些大量的关于因果的形象开示，应时应机，是可以度化成就亿万人的。就拿今天这段开示来说，如果让那些正陷于困顿迷茫的老板们听到，他们很多人会猛醒，不仅会转危为安，还可能为社会做出正面的大贡献，于国于民于自己都是大好事。

当然，大亨无法知道他和悟缘大和尚的宿世因缘。悟缘大和尚过去世曾显猪身度化他由猪转生为人，又显居士身让他放弃杀业行善积福。今生的福报都赖于悟缘大和尚的历世点化，悟缘大和尚对他的恩德是怎么形容都不会过分。他也不会想到，他今天发愿为悟缘大和尚出版因果开示录将为他将来得道成佛种下胜因。当然，他自己不知道没关系，关键是他正在开始这样做，越无私，越无希求，他的福报就越大。他有这个善缘，有这个发心，他当然就有这个福。

大亨，真正的大亨，一个人有佛缘，有善心，后世想不发财都难，想不成佛都不可能！

凭什么老板得大头，我只得零头？

阿广是一家有名的餐厅经理，他告诉祥翁说打算辞职自己开餐厅，祥翁问为什么，阿广说："按说我们老板对我也挺好，待遇也蛮高，可是和我给餐厅做的贡献比起来，那待遇还是不成比例。老板只是投资人，基本不大费心，业务都是由我全面打理，操心出力的是我，为什么就该他得大头，我只得个零头呢？我如今有了一定的投资本钱，业务也熟悉，管理有经验，因此我想自己做，最大限度地实现自我价值。"

祥翁提醒阿广，你还是慎重点为好，做生意不是光靠业务能力的。

阿广没有听懂祥翁的话，后来听说他真的辞职办了自己的餐厅，可是做得很不顺利，好歹硬撑了两年，还是转让关门了，把自己多年的积蓄全赔进去了。

有一次阿贤对祥翁说了阿广的情况，祥翁说有一种人就是这样，他能够为别人赚钱，可是不能够为自己赚钱。阿贤问这是什么缘故呢？

祥翁说，阿广前世是他原来老板的大管家。那老板前世也是财主，那财主常常施舍钱物救济穷人，这些事务都是由当大管家的阿广张罗着做的，因此这一生那老板做生意就会发财，而这些钱财要通过阿广的手收回来，阿广只是个过手的人，只能挣有限的辛苦钱，大钱本来就该归老板。

阿贤说，不可思议，原来这财运也有内在的因果在起作用呀！

有钱没什么了不起

有钱不是坏事,不是耻辱,但也不要自以为了不起。

你存款很多,说明你是个守财奴,不会用财;你把钱存入国内外多家银行,说明你对自己的福报没有信心,十有八九财产来路不正,这种钱可能会在一夜之间失去的;你狡兔三窟,拥有多处豪宅,说明你对自己的人格没有信心,每一处豪宅其实都是你的一座牢狱,那种见不得人群见不得阳光的生活其实是很无聊的;你拥有多位保镖,说明你处境凶险,人身没有安全感,保镖既能保护你的安全,也会限制你的自由,在特定的情况下,也可能成为你最大的威胁;你显阔斗富,说明你很空虚,实在没有什么真实的人生资本可以炫耀;你包养二奶，说明你活得很焦虑，很紧张，很烦恼，因此你才需要寻找肉欲的刺激，借以缓解你的压力，慰藉你的不安，然而可怜的是，这只会让你陷得更深、更难以自拔，最终增加你的痛苦，并把你送进可怕的精神炼狱。

金丝玉片连缀成的华衣美服中，可能包裹着一具腐臭的僵尸；宝马、奔驰出入的豪门别墅中可能栖息着一个猥琐卑贱的可怜人。

不是老赵仇富，也不是老赵嫉妒，是老赵见得太多太多。早一天看破放下这一切，你便早一天得到解脱和自由。否则，你可能一朝崩溃，万劫难复。

善意的提醒，有时很难听。不过一旦真的听进去，会有大好处。

谁是财神？

中国古人羞于谈钱财，但作为凡夫，每个人骨子里还是喜欢钱财的。现代中国人学西方，也开始不避忌讳，大大方方就成了赤裸裸，赤裸裸地谈钱、敛财，结果弄得斯文扫地，又平添许多烦恼。

中国民间信仰中的财神不止一个，有文财神和武财神之分，较为有名的有范蠡、比干、关公、赵公明等。藏地人则信奉黄财神，据说是佛菩萨的化身。

世人公认的财神是范蠡。不但福报很大，而且很有智慧，极善经营理财，有一整套行之有效的经营理念。范蠡是春秋末年越国大夫，字少伯，楚国宛（今河南南阳）人。越被吴打败时，随越王勾践赴吴做人质三年，回越后助越王刻苦图强，灭吴国，建立了卓越功勋，越王让他辅佐治国，但范蠡是个明白人，他知道这种舞刀弄枪打天下的帝王，只能共患难，不可同富贵，于是他辞官隐退，带上绝代美女西施远离了朝廷，游齐国，称鸱夷子皮，到陶（今山东肥城西北陶山，一说山东定陶西北），改名陶朱公，以经商致富。说来也算老赵半个老乡。

范蠡是大手笔的经营家，他认为物价贵贱的变化，是由于供求关系的有余和不足，主张谷贱时由官府收购，谷贵时平价售出，这真是安天下、利万民的主张，可见范蠡经营的目的不是为自己敛财，他是真懂经济的人，经商济众、经世济民。一个人到了这个境界，那他真的就是财神了。事实也是如此，他做什么生意什么生意就红火发财。其实，他的智慧方法固然很重要，更重要的是他积累了大量的福报，试想，一个有大功于社稷、有大恩于万民的人，得官舍官，得财舍财，他命里会缺了钱财吗？若放到现在，像范蠡这样的人，无论炒股，搞房地产，运作古董字画，那也一定是高手中的高手，即使去收破烂废品也会成为巨富，那谁比得了？他走路跌跤头上摔个大包，那也是让元宝垫的。

比干是商代贵族，纣王的叔父，官少师。相传因屡次劝谏纣王远离妖女妲己，被妲己忌恨，出毒计说纣王有病须用比干之心作药引，于是纣王便找比干，比干明知是计，但君意不可违，只好向纣王奉献红心，被纣王剜心而死。其实没听说比干和钱财有什么关系，想来人们尊奉比干为财神无非想说明一个道理，有心求财财不来，无心求财财成堆。事实的确如此，那些念念不忘发财，对财神爷礼拜最勤的大多都是穷苦之人。有些想钱想急了的人常常弄些财神像到处兜售或分发，渴望用这种方式招来钱财，可是作用很有限。然而那些无意于致富，供养大德无希求，施济贫寒不图报的人却往往财源滚滚，想穷都难，因为这种人无心，和比干一样，这种人他自己就是财神。

关公，名羽，字云长，三国蜀将，名气之大，妇孺皆知。关公是忠义的化身，儒释道三教都有关公的位置。关公和钱财本来没有什么关系，没听说哪一教哪一派曾给关公封过什么财神的职称。尽管如此，老百姓还是把关公阴差阳错地当成了财神，许多商号和百姓家中都爱供个关公像，既希望保佑发财，又可以壮胆。关公也是个热心肠，既然人家有求，就尽量帮忙。想想也是，中国人历来讲究君子爱财，取之有道，不义之财是收受不起的。关公正气堂堂，疾恶如仇，那些贪官奸商劫盗贿骗之徒，即使再给关公行贿乃至顶礼膜拜也不会得到宽容的，还是应该改恶从善，向关公请教一下做人之道才是。

赵公明，又称赵公元帅。老赵只知道本家出了这么一位财神，然而惭愧得很，查遍宗谱追溯八万四千代竟然没有找到赵公元帅的档案，对其背景一无所知，因此怀疑是否曾在人世间上过户口。其实，说是本家也是老赵在攀亲拉近乎，除了同姓以外，老赵和人家赵公元帅根本不在一个档次上。想必赵公明本来就是一位德行高迈、智慧超群又武艺高强的神，何以见得？从称呼上看，德行高迈才当得起一个公字，智慧通达才当得起一个明字，武艺不高强又怎么能当得成元帅呢？由此可见，赵公元帅做财神还是有道理的，德行高迈智慧超群必能感得大福大财，又有武艺和众多兵将，什么冤家债主敢靠近夺财呢？

至于黄财神，过去老赵没听说，前两年有位藏地活佛来到老赵家,送了老赵一幅黄财神像,介绍说这位黄财神是哪位佛菩萨的化身。活佛又为老赵装了几个财神宝瓶,还嗡啊轰啊地念了很多咒语。为了表示谢意和敬意,活佛临行前,老赵便送他几本自己写的《财神敲门》小册子,并为活佛读了一遍其中的内容,最后对活佛说:"您送我几个财神宝瓶,我也送您几个财神宝瓶,您的财神宝瓶能加持别人发财,我的小册子能使读懂它的人自己变成财神。"活佛听了,欢喜得很,表示回藏后要买一套活佛的衣服寄给老赵,老赵说不必。活佛说,您若不嫌,我现在就脱一件给您,老赵恭敬不如从命,于是就得了一件法宝。

其实,这财神,那财神,说到家,最大的财神还是观音菩萨。尽管观音菩萨没说自己是财神,可观音菩萨功德巍巍,随便舍出一点功德福报都比一般神众大千倍万倍,观音菩萨悲愿无边,求财得财,求福得福,求平安得平安,求健康得健康。观音菩萨和中国的因缘最深,看起来庄严,想起来亲切,念起来顺口,拜起来自然。观音菩萨无刹不现身,应以何身得度者,即现何身而为说法,为了帮助贫弱众生,观音菩萨既可以现财神身，也可以现种种人身乃至非人身，如现师长身为你讲解财富的道理，现老板身教你生财之道，现慈善家身为你排忧解难，现乞丐身为你积功培福，更为殊胜的是，观音菩萨不光可以成为你的朝拜对象，更有多部经典供你学习，可谓拜有像，学有据，行有效，修有成，最终不仅使你资财不缺，更能成就你成佛得道，享极乐巨福。

学观音菩萨吧，你不仅会得到观音菩萨的慈悲加持，也会得到所有财神的帮助，因为所有财神都是观音菩萨的学生，你拜观音菩萨为师，就和所有的财神成为同学，只要精进修行，很可能成佛在财神们的前头。

当你有一天开悟见性了，你就和佛菩萨没有分别，那时你会发现，三千大千世界原来都是自心所显现，都是自家宝藏，一切现成，受用无穷，你还求什么呢？

人生原来是个圆

愿你早日回童年

返璞归真活神仙

无忧无怖白云天